常用饲料真伪鉴别

一点通

郝生宏　刘素杰　温萍　编著

U0258813

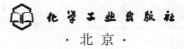

化学工业出版社

·北京·

内 容 提 要

　　《常用饲料真伪鉴别一点通》从饲料概念、国际饲料分类、中国饲料分类入手,对常见的粗饲料、能量饲料、蛋白质饲料、饲料添加剂的特征及营养特点进行了阐述。在此基础上,指出了伪劣饲料的危害,列举了谷实类、糠麸类、饼粕类、动物性蛋白质、饲料添加剂等的鉴定技术;列举了仔猪、生长育肥猪、产蛋后备鸡、产蛋鸡、肉用仔鸡、鸭配合饲料及奶牛精料补充料等类型的饲料鉴定实例。本书言语简洁,通俗易懂,实验室图片可扫描二维码观看,可作为养殖技术人员、饲料原料加工人员的参考用书,也可作为新型农民培训用书。

图书在版编目 (CIP) 数据

　　常用饲料真伪鉴别一点通/郝生宏,刘素杰,温萍编著.
—北京:化学工业出版社,2020.7
　　ISBN 978-7-122-36506-4

　　Ⅰ.①常… Ⅱ.①郝…②刘…③温… Ⅲ.①饲料-鉴别-研究 Ⅳ.①S816

　　中国版本图书馆 CIP 数据核字 (2020) 第 050399 号

责任编辑:迟　蕾　李植峰　　　　　文字编辑:焦欣渝
责任校对:王素芹　　　　　　　　　装帧设计:王晓宇

出版发行:化学工业出版社
　　　　　(北京市东城区青年湖南街 13 号　邮政编码 100011)
印　　　刷:北京京华铭诚工贸有限公司
装　　　订:三河市振勇印装有限公司
850mm×1168mm　1/32　印张 4　字数 100 千字
2020 年 7 月北京第 1 版第 1 次印刷

购书咨询:010-64518888　　　　　　售后服务:010-64518899
网　　址:http://www.cip.com.cn
凡购买本书,如有缺损质量问题,本社销售中心负责调换。

定　　价:22.00 元　　　　　　　　　版权所有　违者必究

前 言

　　饲料是发展畜牧业的物质基础，动物必须不断地从外界获得各种营养物质，才能满足其生长和生产的需要，才能促进畜产品数量的增多及质量的提高。

　　近年来，随着我国农村产业结构的调整，畜禽养殖业已成为提高农民经济收入的重要依托，对饲料这一重要的生产资料的需求也日益增多。由于我国饲料质量参差不齐、蛋白质原料不足和添加剂品种不全等现状，致使有些生产者、销售者为获取高额利润在饲料产品中掺杂、掺假，以假充真、以次充好，伪劣饲料层出不穷。这些行为不仅制约了畜禽养殖业的发展，而且严重地损害了广大养殖户及农民朋友的切身利益，危害性极大。

　　因此，如何选择优质的饲料、掌握饲料真伪的鉴别技术，对广大养殖户及农民朋友来说至关重要。笔者为了解决这一实际问题编写了《常用饲料真伪鉴别一点通》一书。本书在编写过程中，注重结合我国饲料生产和畜禽养殖的实际，概述了必要的饲料基本知识，介绍了常用饲料的营养作用、伪劣饲料的危害和常用饲料的质量鉴别技术等，简便实用，通俗易懂，既能指导生产实际，又便于检验人员实际操作。

由于笔者水平所限，书中难免存在缺点和不足，恳请读者朋友谅解，敬请批评指正。

编　者

2020.3

目 录

第二章　伪劣饲料的危害　　69

第三章　常用饲料的真伪鉴定举例　　78

绪论

一、什么是饲料

我国饲料标准定义，能提供给饲养动物所需养分，并保证动物健康，促进动物生长和生产，在合理使用的情况下不发生有害作用的可饲用物质，即称为饲料。饲料一般包括工业饲料和农家饲料两种。工业饲料主要是指经过工业化加工、制作的供动物食用的饲料，包括单一饲料和配合饲料。而农家饲料通常是指农户利用自家种植的农作物及副产品、剩饭剩菜等经过简单加工处理制成的饲料。

二、饲料营养成分及其功能

（一）饲料营养成分

所谓饲料营养成分是指饲料中对动物生长、发育、繁殖、生产和劳役等有益的物质，也称营养物质或营养素。动物的饲料，除少部分来自动物、矿物质以及人工合成外，绝大部分来自植物。在饲养过程中，通常会按照动物不同的生理和生产需要提供相应的饲料，但饲料的基本营养组成非常相似。构成饲料的营养成分有50多种，动物对不同营养成分的需要量差异显著，多至每头每天需要量几千克以上，少至每头每天需要量不到1微克。

1. 饲料的化学元素组成

构成饲料的动植物体均由化学元素组成。现代分析技术测定，饲料中含有 60 多种化学元素。这些元素一般被分为两大类：

第一类为有机营养元素：含量多，比重大，主要包括碳、氢、氧、氮四种。

第二类为无机营养元素：种类多，含量少，这类元素统称为矿物质，又称为无机物或粗灰分。按它们在动植物体内含量的多少又可分为两大类：含量大于或等于万分之一的元素称为常量元素，如钙、磷、钾、钠、氯、镁和硫等；含量小于万分之一的元素称为微量元素，如铁、铜、钴、锰、锌、硒、碘、钼、铬和氟等。饲料和畜禽体干物质中主要元素的含量如表 0-1 所示。

表 0-1　饲料和畜禽体干物质中主要元素的含量

饲料和畜禽体	主要元素含量/%				
	碳	氢	氧	氮	矿物质
植物性饲料	45.0	42.0	6.5	1.5	5.0
育肥公牛	63.0	13.8	9.4	5.0	8.8

由表 0-1 可知，碳、氢、氧、氮四种元素所占的比例最大，它们在植物体中约占干物质总量的 95%，在动物体（育肥公牛）中约占干物质总量的 91%，其中以碳为最多，氢与氧次之，氮为最少。其余的几十种元素含量较少，总计不到 10%，例如钙、磷、钾、钠、氯、镁和硫等，其含量总计占百分之几，而铁、铜、钴、锰、锌、硒、碘、钼、铬和氟等的含量更少，只为十万分之几到千万分之几。

2. 饲料中主要的营养成分

饲料的营养成分是由单一的化学元素或若干种化学元素相互结合所组成的，具有维持动物生命活动的营养作用，存在于任何饲料中，可概括为水分、粗蛋白质、粗脂肪、碳水化合物、维生素和矿物质六大类，见图 0-1。

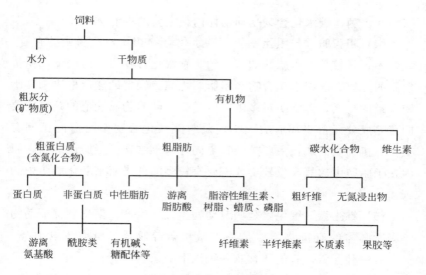

图 0-1 饲料的营养成分

（1）**水分** 水含有氢和氧两种元素。动物的饮水量比干物质采食量多3～8倍，而且动物由于缺水死亡比缺食物死亡快得多。动物如脱水5％则食欲减退，脱水10％则生理失常，脱水20％即可死亡。水含于一切食物之中，在风干饲料中约占10％，在青绿饲料中可达80％以上。水除作为营养成分外，在饲料和饲养方面还具有多种重要的意义。

（2）**粗蛋白质** 粗蛋白质是指包括蛋白质在内的含氮化合物的总称。粗蛋白质中的纯蛋白质一般含有碳、氢、氧和氮四种元素，有的粗蛋白质还含有铁、磷和硫等元素，蛋白质是唯一大量含氮的养分。各类粗蛋白质含氮量不同，但一般来说饲料平均含氮量为16％，故按含氮量来推算蛋白质的数量时其系数一般为6.25。饲料中的蛋白质含有25种以上的氨基酸。

（3）**碳水化合物** 碳水化合物由碳、氢和氧三种元素组成。由于其分子中氢和氧之比与水相同（2∶1），故得名为碳水化合物。其分子通式是 $C_x(H_2O)_y$。根据碳水化合物分子结构可分成单糖、双糖和多糖。碳水化合物是动物体内最主要的供能物质。

（4）粗脂肪 与粗蛋白质、碳水化合物相比较，粗脂肪含碳、氢较多，氧较少。粗脂肪的能值约为碳水化合物的两倍以上，粗蛋白质的能值介于碳水化合物和粗脂肪之间。饲料的能值取决于其脂肪含量的高低，含脂肪越多则能值越高。营养物质能值的差异主要同营养成分元素组成有关，特别是与氧在化合物中所占的比例有关，有机物质的氧化主要是碳和氢同外来氧结合。脂肪产热高，原因在于脂肪中的氧含量较少，需要有较多的外来氧来氧化脂肪中的碳和氢。

（5）维生素 维生素是调节动物生长、生产、繁殖和保证动物健康所必需的有机物质，是一类微量营养物质。维生素含有碳、氢、氧三种元素，有的还含有一种以上的矿物质。

（6）矿物质 对动物有营养作用的 26 种元素中，碳、氢、氧、氮属非矿物质元素，其余 22 种都是矿物质元素。在这 22 种矿物质元素中，按动物的需要量分，有 7 种是常量矿物质元素，15 种是微量矿物质元素。

3. 饲料营养成分的一般功能

饲料营养成分对动物体有四项功能，其中三项是基本功能，一项是附加功能。

（1）饲料营养成分的基本功能

① 作为建造和维持动物体的构成物质；

② 作为产热、役用和脂肪沉积的能量来源；

③ 调节动物机体的生命过程或动物产品的形成。

（2）饲料营养成分的附加功能 乳、蛋品的生产属于饲料营养成分的附加功能。它们虽不是养分在动物体内的最终产物，但却是动物把饲料的营养成分经过消化代谢转化为产品的部分。乳、蛋品中含有丰富的营养，基本上具有饲料营养成分的一切功能（表 0-2）。

表 0-2　饲料不同营养成分的功能概要

营养成分	基本功能			附加功能
	结构物质	能量来源	调节物质	
水分	√		√	√
粗蛋白质	√	√	√ 部分氨基酸	√
碳水化合物	√	√		√
粗脂肪	√	√	√ 部分脂肪酸	
矿物质	√		√	√
维生素			√	√

（二）饲料养分的表示方法

1. 按浓度表示饲料的方法

以百分比（％）形式表示，是指饲料中某种养分占总量的比例。

2. 按干物质（或水分）来表示饲料的方法

（1）风干饲料　是指经风干保存吸附水、去除游离水的饲料，其饲料中干物质含量常占 90％左右。一般常用饲料都指风干饲料。

（2）绝干饲料　是指经特殊处理，既去除游离水又去除吸附水的饲料，都是干物质，不含水分。

（三）影响饲料营养成分的主要因素

饲料化学成分表中所列的各种营养成分含量的数值，是多次分析结果的平均数，与具体采用的饲料中的营养成分含量可能有一定的差异，这种差异受很多因素的影响。影响饲料营养成分的主要因素有：植物的品种，植物生长期所处的土壤、肥料、气候等条件，植物的收获期和储存条件等。

三、饲料的分类方法

饲料种类繁多，养分组成和营养价值各异。要想合理地利用各种饲料，则需要了解各种饲料的营养特点，并对饲料进行合理的分类。

（一）国际饲料分类方法

随着现代动物营养学在饲料工业及养殖业上的应用与普及，传统的饲料概念在不断改变，许多国家均根据本国的生产实际、饲料工业与养殖业发展的需要及饲料的属性对饲料进行了分类，并规定了相应的标准。其中美国学者哈理斯（L. E. Harris，1963）根据饲料的营养特性，将饲料分成了八大类，并对每类饲料冠以相应的国际饲料编码，同时建立有国际饲料数据管理系统，这一分类系统已经被许多国家采用。

关于国际饲料分类中八大类饲料的具体说明如下。

1. 粗饲料

粗饲料是指饲料干物质中粗纤维含量大于或等于18％，以风干物为饲喂形式的饲料，包括青干草、秸秆、秕壳等。如农业副产品中的秸秆、晒干或人工脱水的牧草、饼粕类中的低档向日葵饼粕、菜籽饼粕等均属此类。国际标准编码为1-00-000。

2. 青绿饲料

青绿饲料指天然含水量在60％以上的饲料，如牧草、蔬菜类、树叶等。国际标准编码为2-00-000。

3. 青贮饲料

青贮饲料是以新鲜的天然植物性饲料为原料，在厌氧条件下，经过以乳酸菌为主的微生物发酵后调制成的饲料，如青贮玉米。国际标准编码为3-00-000。

4. 能量饲料

能量饲料是指饲料干物质中粗纤维含量低于18％、粗蛋白质含量小于 20％ 的饲料，包括禾谷类籽实、糠麸类和块根、块茎、瓜果类等。国际标准编码为 4-00-000。

5. 蛋白质饲料

蛋白质饲料指饲料干物质中粗纤维含量低于 18％、粗蛋白质含量大于或等于 20％ 的饲料，包括豆类、饼粕类、动物性蛋白质饲料、单细胞蛋白质饲料、非蛋白氮饲料等，如鱼粉、豆饼、豌豆及工业合成的氨基酸、饲用尿素等。国际标准编码为 5-00-000。

6. 矿物质饲料

矿物质饲料包括天然和工业合成的含矿物质丰富的饲料，如食盐、石粉、硫酸亚铁及有机配位体与金属离子的螯合物、蛋氨酸锌络合物等。国际标准编码为 6-00-000。

7. 维生素饲料

维生素饲料指工业合成或提纯的单一或复合的维生素制剂，维生素含量较多的天然青绿饲料不包括在内。国际标准编码为 7-00-000。

8. 添加剂饲料

添加剂饲料指为保证或改善饲料品质，防止饲料质量下降，促进动物生长繁殖，保障动物健康而掺入饲料中的少量或微量物质，但合成氨基酸、维生素及以治病为目的的药物不包括在内。国际标准编码为 8-00-000。

该国际饲料分类法具有如下特点。

① 主要根据饲料的营养价值来分类，符合人们的习惯，同时又有量的规定，如对粗纤维、粗蛋白质含量的限制，因而更能反映各类饲料的营养特性及在畜禽饲粮中的地位。

② 该体系要求对每种饲料的全名称列有八项内容，即：来源或原料，种、品种、类别，饲用部分，加工调制方法，成熟阶段（适用于青饲料和干草），刈割茬次（适用于青饲料和干草），等级、质量说明、保证，分类。因而能更好地反映影响饲料营养价值的

因素。

　　③ 为了便于计算机管理和配方设计，该法还给每种饲料编制了一个标准编码。此标准编码由 6 位数组成，分为三节：第一节一位数，代表八大类中的类号；第二节两位数，代表大类下面的亚类；第三节三位数，代表亚类下面的第某号饲料。或将第二节和第三节合成 5 位数，代表饲料的编号顺序。每一类可供 99999 种饲料编号，八大类可供 799992 种饲料编号。如某一玉米粒的编码为4-02-879，表示其属于第四大类（即能量饲料）中第二亚类的 879号饲料，或第四大类中的第 2879 号饲料。又如苜蓿干草的编码为1-00-092，表示其属于粗饲料类，位于饲料标样总号数的第 92 号。在生产实践中，多数国家采取国际饲料分类法与本国生产实际相结合的原则来对饲料进行分类。比如根据来源可把饲料分为植物性饲料、动物性饲料、矿物质饲料和人工合成或提纯饲料；根据形态可把饲料分为固体、液体、胶体、粉状、颗粒及块状等类型；根据饲用价值又可将饲料分成粗饲料、青饲料、青贮饲料、能量饲料、蛋白质饲料、矿物质饲料、维生素饲料、营养性添加剂及非营养性添加剂饲料等。

（二）中国现行的饲料分类方法

　　我国疆域辽阔，饲料种类繁多，以往传统的饲料分类方法难以反映出饲料的营养特性，也不便于国际饲料情报交流。20 世纪 80年代初，在张子仪院士的主持下，将我国传统饲料分类法与国际饲料分类原则相结合，提出了我国的饲料分类方法和编码系统。1987年由农牧渔业部正式批准筹建中国饲料数据库，迄今还在不断地将新中国成立以来积累的各种饲料成分分析和营养价值资料，经过整理、核对和筛选后输入数据库中。

　　我国饲料具体的分类和编码方法为：首先根据国际饲料分类原则将饲料分成八大类（表 0-3），然后结合中国传统饲料分类习惯分成 17 亚类（表 0-4），两者结合，形成中国饲料分类法及其编码系统，迄今可能出现的类别有 37 类。

表 0-3　国际饲料分类　　　　　单位：%

国际分类号	饲料名称	划分饲料类别的依据		
		自然含水量	干物质中粗纤维含量	干物质中粗蛋白质含量
01	粗饲料	<45	≥18	
02	青绿饲料	≥45		
03	青贮饲料	≥45		
04	能量饲料	<45	<18	<20
05	蛋白质饲料	<45	<18	≥20
06	矿物质饲料			
07	维生素饲料			
08	添加剂饲料			

表 0-4　中国现行饲料分类编码

中国饲料编码亚类序号	饲料名称	IFN 与 CFN 结合后可能出现的饲料类别形式[①]
01	青绿多汁类饲料	2-01
02	树叶类饲料	1-02,2-02,5-02,4-02
03	青贮饲料	3-03
04	块根、块茎、瓜果类饲料	2-04,4-04
05	干草类饲料	1-05,4-05,5-05
06	农副产品类饲料	1-06,4-06,5-06
07	谷实类饲料	4-07
08	糠麸类饲料	4-08,1-08
09	豆类饲料	5-09,4-09
10	饼粕类饲料	5-10,4-10,1-10
11	糟渣类饲料	1-11,4-11,5-11
12	草籽、树实类饲料	1-12,4-12,5-12
13	动物性饲料	4-13,5-13,6-13
14	矿物质饲料	6-14

中国饲料编码亚类序号	饲料名称	IFN 与 CFN 结合后可能出现的饲料类别形式①
15	维生素饲料	7-15
16	饲料添加剂	8-16,5-16
17	油脂类饲料及其他	4-17

① 只是前三位编码，第 1 位数字为国际饲料分类编码，第 2、第 3 位数字为中国饲料分类亚类编码。

每类饲料冠以相应的中国饲料编码（CFN），共 7 位数，模式为 0-00-0000，首位为国际饲料编码（IFN），第 2、第 3 位为 CFN 亚类编号，第 4～7 位为顺序号，代表饲料的个体编码。今后根据饲料科学及计算机软件的发展仍可拓宽。这一分类方法的特点是，用户既可以根据国际饲料分类原则判定饲料性质，又可以根据传统习惯，从亚类中检索出饲料资源出处，这是对国际饲料分类系统的合理补充及修正。

关于我国饲料分类中 17 个亚类的具体说明如下：

01 青绿多汁类饲料

以天然水分含量为第一条件，不考虑其部分失水状态、风干状态或绝干状态时的粗纤维含量或粗蛋白质含量是否构成粗饲料、能量饲料或蛋白质饲料的条件。鉴于一般植物细胞从进入饥饿代谢阶段到自溶终止的水分含量大约为 40%～50%，所以将青绿饲料的第一条件定为天然水分含量大于或等于 45%，凡符合这一条件的栽培牧草、草地牧草、野菜、鲜嫩的藤蔓、秸秆类和部分未完全成熟的谷物植株等皆属此类。中国饲料编码（CFN）形式为 2-01-0000。国际饲料分类对青绿饲料的水分含量无明确规定，泛指鲜物青饲。

02 树叶类饲料

树叶类饲料有两种类型：一种类型是刚采摘下来的树叶，饲用时的天然含水量尚能保持在 45% 以上，这种形式多是一过性的，数量不大，按国际饲料分类属青绿饲料，CFN 形式为 2-02-0000；

另一种类型是风干后的乔木、灌木的树叶等，其干物质粗纤维含量大于或等于 18%，按国际饲料分类属粗饲料，CFN 形式为 1-02-0000。

03　青贮饲料

青贮饲料有三种类型：其一是由新鲜的天然植物性饲料调制成的青贮饲料，或在新鲜的植物性饲料中加入各种辅料（如小麦麸、尿素、糖蜜）或防腐剂、防霉剂调制成的青贮饲料，一般含水量在 65%～75%，CFN 形式为 3-03-0000；其二是低水分青贮饲料，亦称半干青贮饲料，用天然含水量为 45%～55% 的半干青绿植株调制成的青贮饲料，CFN 形式与常规青贮饲料相同，即 3-03-0000；其三是随着钢筒式青贮窖或密封青贮窖的普及，20 世纪 50 年代以后欧美各国盛行的谷物湿贮，其水分含量在 28%～35%，湿贮后可防止霉变，保持营养质量。从谷物湿贮的营养成分的含量看，符合国际饲料分类中的能量饲料标准，但从调制方法分析又属青贮饲料，该类饲料在国际饲料分类法中统称为"谷物湿贮"，CFN 形式为 4-03-0000。

04　块根、块茎、瓜果类饲料

天然水分含量大于或等于 45% 的块根、块茎、瓜果类皆属此类，如胡萝卜、芜菁、饲用甜菜、落果、瓜皮等。这类饲料脱水后干物质中粗纤维和粗蛋白质含量都较低。鲜物的 CFN 形式为 2-04-0000，如鲜甘薯、胡萝卜等；干燥后则属能量饲料，其 CFN 形式为 4-04-0000，如甘薯干、木薯干等。

05　干草类饲料

干草类饲料是指人工栽培或野生牧草的脱水或风干物，饲料的水分含量在 15% 以下（霉菌繁殖水分临界点）。水分含量在 5%～25% 的干草压块亦属此类。干草类饲料有三种类型：第一类是干物质中的粗纤维含量大于或等于 18% 者，属于粗饲料，CFN 形式为 1-05-0000；第二类是干物质中的粗纤维含量小于 18%，而粗蛋白质含量也小于 20% 者，属于能量饲料，CFN 形式为 4-05-0000，如优质草粉；第三类是干物质中的粗蛋白质含量大于或等于20%，而粗纤维含量又低于18%者，按国际饲料分类原则应属蛋白质饲料，CFN形式为5-05-0000，如一些优质苜蓿、紫云英的干草粉等。

06 农副产品类饲料

农副产品类饲料是指农作物收获后的副产品。常见的有三种类型：其一是干物质中粗纤维含量大于或等于18%者，属于国际饲料分类中的粗饲料，CFN形式为1-06-0000，如藤、蔓、秸、秧、荚、壳等；其二是干物质中粗纤维含量小于18%，而粗蛋白质含量也小于20%者，属于能量饲料，CFN形式为4-06-0000；其三是干物质中粗纤维含量小于18%，而粗蛋白质含量大于或等于20%者，按国际饲料分类原则属于蛋白质饲料，CFN形式为5-06-0000。但后两者较罕见。

07 谷实类饲料

谷实类饲料一般指干物质中粗纤维含量低于18%，同时粗蛋白质含量低于20%的饲料，按国际饲料分类法属能量饲料，如玉米等，CFN形式为4-07-0000。

08 糠麸类饲料

糠麸类饲料指干物质中粗纤维含量小于18%、粗蛋白质含量小于20%的各种粮食加工副产品，如小麦麸、米糠、米糠油、玉米皮等，按国际饲料分类法多属能量饲料，CFN形式为4-08-0000。但有些粮食加工后的低档副产品或米糠中被人为掺入了没有实际营养价值的稻壳粉（称为"统糠"），其干物质中粗纤维含量多数大于18%，按国际饲料分类法属于粗饲料，还有用杵臼加工稻谷后生成的稻壳、米糠和碎米的混合物也属于粗饲料，CFN形式为1-08-0000。其他类型较罕见。

09 豆类饲料

豆类饲料干物质中粗蛋白质含量多在20%以上，粗纤维含量在18%以下，按国际饲料分类法属于蛋白质饲料，CFN形式为

5-09-0000，如大豆、黑豆等。但也有个别的豆类籽实的干物质中粗蛋白质含量在20％以下，如广东的鸡子豆和江苏的爬豆，这类饲料则应属于能量饲料，CFN形式为4-09-0000。在豆类饲料干物质中粗纤维含量大于或等于18％者较罕见。

10　饼粕类饲料

饼粕类饲料有三种类型：干物质中粗纤维含量小于18％，粗蛋白质含量大于或等于20％的饼粕类，按国际饲料分类属于蛋白质饲料，CFN形式为5-10-0000；干物质中的粗纤维含量大于或等于18％者，即使其干物质中粗蛋白质含量大于或等于20％，按国际饲料分类法仍属于粗饲料，CFN形式为1-10-0000，如有些含壳量多的向日葵籽饼及棉籽饼等；还有一些低蛋白质、低纤维的饼粕类饲料，如米糠饼、玉米胚芽饼等，则属于能量饲料，CFN形式为4-10-0000。

11　糟渣类饲料

在糟渣类饲料中，干物质中粗纤维含量大于或等于18％者应归入粗饲料，CFN形式为1-11-0000；干物质中粗蛋白质含量低于20％，而粗纤维含量也低于18％者，则属于能量饲料，CFN形式为4-11-0000，如优质粉渣、醋渣、酒渣等；干物质中粗蛋白质含量大于或等于20％，而粗纤维含量低于18％者，则属于蛋白质饲料，如含蛋白质较多的啤酒糟、饴糖渣、豆腐渣等，尽管这类饲料的蛋白质、氨基酸利用率较差，但按国际饲料分类法仍属于蛋白质饲料，CFN形式为5-11-0000。

12　草籽、树实类饲料

在草籽、树实类饲料中，凡干物质中粗纤维含量在18％以上者属粗饲料，如灰菜籽、带壳橡籽等，CFN形式为1-12-0000；干物质中粗纤维含量在18％以下，而粗蛋白质含量小于20％者，均属能量饲料，如稗草籽、干沙枣等，CFN形式为4-12-0000；但也有干物质中粗纤维含量在18％以下，而粗蛋白质含量大于或等于20％者，应属于蛋白质饲料，CFN形式为5-12-0000，较罕见。

13 动物性饲料

动物性饲料一般来源于渔业、养殖业的动物性产品及其加工副产品。按国际饲料分类原则，在动物性饲料中凡干物质中粗蛋白质含量大于或等于 20% 者，均属蛋白质饲料，CFN 形式为 5-13-0000，如鱼、虾、肉、皮、毛、血、蚕蛹等；凡干物质中粗蛋白质含量低于 20% 的动物性饲料均属能量饲料，如牛脂、猪油等，CFN 形式为 4-13-0000；干物质中粗蛋白质含量低于 20%，而以补充钙、磷等矿物质为目的者，属动物性矿物质饲料，如骨粉、蛋壳粉、贝壳粉等，CFN 形式为 6-13-0000。

14 矿物质饲料

矿物质饲料是指可供饲用的天然矿物质，如石灰石粉、化工合成的无机化合物（如硫酸铜、硫酸铁）、金属离子与有机配位体的络合物（如蛋氨酸锌）等，CFN 形式为 6-14-0000。此外，来源于单一动物性饲料的某些物质也属此类，如骨粉、贝壳粉等，CFN 形式为 6-13-0000。

15 维生素饲料

维生素饲料专指由工业提纯或合成的饲用维生素制剂，如胡萝卜素、维生素 B_1、维生素 B_2、烟酸、泛酸、胆碱、叶酸、维生素 A、维生素 D 等的单体（不包括富含维生素的天然青绿多汁类饲料），CFN 形式为 7-15-0000。

16 饲料添加剂

饲料添加剂是指为了补充营养物质，提高饲料利用率，保证或改善饲料品质，防止饲料质量下降，促进动物生长、繁殖、生产，保障动物健康而掺入饲料中的少量或微量营养性及非营养性物质，如防腐剂、促生长剂、抗氧化剂、饲料黏合剂、驱虫保健剂、流散剂及载体等，CFN 形式为 8-16-0000。目前在中国饲料工业中常将以用于补充氨基酸为目的的工业合成赖氨酸、蛋氨酸、色氨酸等也归入这一类，按中国饲料分类原则，其 CFN 形式为 5-16-0000。

17 油脂类饲料及其他

油脂类饲料是以补充能量为目的，用动物、植物或其他有机物质为原料，经压榨、浸提等工艺制成的饲料，按国际饲料分类原则属能量饲料，CFN 形式为 4-17-0000。

随着饲料科学研究水平的不断提高、饲料新产品的不断涌现，在上述 17 个亚类之外还将会增添新的中国饲料亚类及相应的 CFN 形式。

配合饲料

配合饲料是指根据动物饲养标准及饲料原料的营养特点，结合生产实际情况，按照科学的饲料配方生产出来的由多种饲料原料（包括添加剂）组成的均匀混合物。在动物饲养成本中，饲料费用约占 65%～75%，饲料的质量和数量直接影响到动物的质量与数量，而且与人类健康及环境保护也有密切关系。因此，配合饲料是发展现代化畜牧业的物质基础，没有配合饲料工业，也就不可能有现代化的畜牧业。实践已经证明，发展配合饲料，能更加合理地利用饲料资源，降低饲料成本，提高经济效益。

一、配合饲料的优点

1. 提高动物生产性能，发挥动物生产潜力，增加经济效益

配合饲料是根据动物的营养需要，采用科学配方配制而成的。其营养全面，能够完全满足畜禽生长发育的需要，并加速畜禽生长，缩短饲养周期，降低饲养成本，最大限度地发挥动物的生产潜力。用全价配合饲料，可大大提高畜禽产品的数量和质量，以及饲料的利用效率。

例如：据统计，饲喂混合料的猪，12 个月才能达到 80 千克；饲用全价饲料后，4～5 个月就能达到 80 千克，生长周期缩短一多半。饲喂混合料的肉用鸡，需用 4 千克饲料才能生产 1 千克肉；饲用全价饲料后，只需 1.5～1.9 千克饲料就能生产 1 千克肉，饲料报酬提高了一倍多。

2. 节约粮食，充分、合理、高效地利用各种饲料资源

可作为配合饲料的原料种类很多，既可以是人类可食的谷物，也可以是人类不能利用的其他物质，既可以最大限度地利用粮油加工、食品加工的副产品，以及工业下脚料（如糠麸、羽毛粉、血粉、鱼粉、糟渣、各种饼粕类），也可以利用一些非营养性的添加物（如抗生素、防霉剂、抗氧化剂等）。这些物质经过动物的合理转化，最终变成人类可食用的畜产品，既增加了人类赖以生存的食物的数量，解决了人畜争食的矛盾，又有助于维持生态平衡。

生产和使用配合饲料，不仅是节约饲料，也是充分开发利用各种饲料资源、节约粮食、综合利用工业副产品的行之有效的措施。

3. 配合饲料产品质量稳定，饲用安全、高效、方便

配合饲料是在专门的饲料加工厂采用特定的计量设备，经过粉碎、混合等加工工艺所生产出来的产品，能够保证饲料的均匀一致性、质量标准化、饲用安全化，有利于畜禽健康。一般不会发生因混合不均匀而导致有的动物吃得少而患缺乏症或有的动物吃得多而中毒等现象的发生。

配合饲料生产中选用了各种饲料添加剂（如维生素、微量元素、氨基酸、驱虫保健剂等），不但能促进动物更好地生长发育，还可以避免营养性疾病的发生，并且有利于提高饲料转化率和经济效益。饲料防霉、防腐剂的添加，则可以防止饲料

的霉烂变质，减少了饲料的浪费，提高了饲料的稳定性，便于存放和运输。

4. 减少养殖业的劳动支出，实现机械化养殖，促进现代化养殖业的发展

配合饲料使用方便，可直接饲喂，或稍加调配即可使用，因此，可节省养殖场的配料设备和劳力，提高工作效率。配合饲料的类型主要为粉状料、颗粒料和破碎料，便于机械化饲喂，有利于现代化集约化封闭式饲养场的大规模生产，同时，配合饲料易于保管贮存、便于运输，可降低保管和运输费用。

二、配合饲料的种类

配合饲料的种类很多，一般可按营养成分、饲喂对象和饲料形状进行分类。

1. 按营养成分和用途分类

（1）全价配合饲料　又称全日粮配合饲料或完全配合饲料，简称配合饲料，是根据各种动物不同品种、生长阶段和生产水平对各种营养成分的需要量和不同动物的生理消化特点，把多种饲料原料和添加成分按照规定的加工工艺，配制成的均匀一致、营养价值完全的饲料产品。其所含的营养成分的种类和数量均能满足各种动物的生长和生产的需要，达到一定的生产水平。这类配合饲料是按饲养标准规定的营养需要量配制的，可以不再加其他饲料而直接饲喂畜禽，主要适用于集约化封闭式饲养的鸡、猪和其他珍贵动物等，使用方便，缩短了饲养周期，提高了经济效益。但"全价"是相对的、暂时的，随着科技的发展、研究的深入，现在全价将来可能会不全价。

（2）浓缩饲料　又称平衡用配合饲料或蛋白质补充饲料，

是由蛋白质饲料、常量矿物质饲料（如钙、磷饲料和食盐）以及添加剂预混料，按一定比例制成的均匀的混合料。猪、鸡用浓缩饲料含粗蛋白质 30% 以上，矿物质和维生素的含量也高于猪、鸡需要量的 2 倍以上，因此不能直接饲喂，应按一定比例与用户的能量饲料搭配后才能饲喂。浓缩饲料一般在全价饲料中占 20%～40%。生产浓缩饲料，不仅可以减少能量饲料运输及包装方面的耗费，而且能解决用户的非能量养分短缺问题，使用方便，应大力提倡。

（3）添加剂预混料　又称添加剂预配料，简称预混料，是由一种或几种营养性添加剂（如氨基酸、维生素、微量元素）和非营养性添加剂（如抗生素、激素、抗氧化剂等）与某种载体或稀释剂，按配方要求的比例均匀配制而成的混合料，是一种半成品，可供配合饲料工厂生产全价配合饲料或蛋白质补充料用，也可供饲养户使用。添加剂预混料一般在配合饲料中占 0.5%～5%，其作用很大，是配合饲料的"心脏"，具有补充营养，促进动物生长、繁殖，防治疾病，保护饲料品质，改善畜产品质量等作用。

（4）精料补充料　又称精料混合料，主要是由能量饲料、蛋白质饲料和矿物质饲料组成，是一种混合均匀并可直接饲喂的混合料，是牛、羊等反刍动物用的配合饲料，以补充该类动物采食的粗饲料和多汁料中不足的营养成分。

上述四种产品之间的关系如图 0-2 所示。

（5）初级配合饲料　俗称混合饲料，是向全价配合饲料过渡的一种饲料类型，通常是由两种以上的单一饲料，经加工粉碎，按一定比例混合在一起的饲料。其配比只考虑能量、粗蛋白质、钙、磷等几项主要营养指标，产品营养不全，质量差。但是，与单一饲料或随意配合的饲料比较，其饲喂效果要

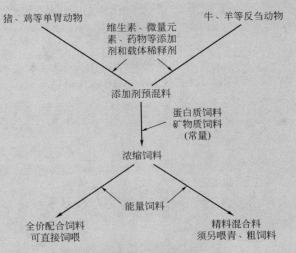

图 0-2　四种配合饲料的关系

好得多。如再搭配一定的青、粗饲料或添加剂即可满足畜禽对维生素、微量元素的需求。

2. 按饲喂对象不同生长阶段和生产性能分类

(1) 鸡用配合饲料　可分为雏鸡配合饲料、青年鸡配合饲料、蛋鸡配合饲料、种鸡配合饲料、肉用仔鸡配合饲料等。

(2) 猪用配合饲料　可分为仔猪配合饲料、生长猪配合饲料、育肥猪配合饲料、妊娠母猪配合饲料、哺乳母猪配合饲料、后备母猪配合饲料、种公猪配合饲料等。

(3) 牛精料补充料　可分为犊牛开食料、育成牛精料补充料、泌乳牛精料补充料、种公牛精料补充料、役用牛精料补充料等。

(4) 羊精料补充料　可分为羔羊精料补充料、奶山羊精料补充料、绵羊精料补充料、种公羊精料补充料等。

（5）其他畜禽配合饲料　如马配合饲料、兔配合饲料、鹿配合饲料、貂配合饲料、鸭配合饲料、火鸡配合饲料等。

（6）鱼类和水产配合饲料　有鲤鱼颗粒饵料、鳗鱼颗粒饵料，对虾饵料等。

3. 按配合饲料的形状分类

（1）粉料　是目前国内普遍应用的料型，一般是将饲料原料加工磨成粉状后，按饲养标准要求添加维生素、微量元素等添加剂混合拌匀而成。该料型饲料生产工艺简单，加工成本低，养分含量和动物的采食较均匀，品质稳定，不易腐烂变质，饲喂方便、安全、可靠，但容易引起动物择食，造成浪费，且生产粉尘大，损耗大，容易分级。粉料的粒度依畜禽种类、年龄等不同而有差异，并非越细越好。这种饲料适合各种畜禽，以及搭配青、粗饲料时使用。

（2）颗粒饲料　由粉状配合饲料通过颗粒机压制而成。由于压缩增加了饲料密度，缩小了饲料体积，因此便于运输和贮存，且在贮运过程中不会分级。该料型饲料养分均匀，改善了动物的适口性，避免了动物择食，减少了喂料时的浪费，缩短了采食时间，可刺激消化液分泌，提高了饲料利用率，饲喂效果好。颗粒饲料的生产量已占世界配合饲料总产量的30%。但这种饲料加工复杂，成本较高，且在加热加压时使一部分维生素和酶等失去了活性。

（3）破碎料　是将颗粒饲料再经破碎机加工破碎而成的不同直径的半粒状配合饲料，具有与颗粒饲料相同的优点，且由于破碎而使动物的采食速度稍慢，不至于因采食过多而过肥。因此特别适用于蛋鸡、小鸡等的采食和消化。

（4）膨化饲料　也叫漂浮饲料，是粉状配合饲料通过膨化机压制而成的软颗粒饲料。因其含有较多空气，可以漂浮在水面上，具有漂浮性好、适口性强、饲料营养在水中损失少、饲料利用率高、便于运输和贮存等优点，适用于浅水层鱼类，但饲料成本较高。

（5）压扁饲料　将饲料（玉米、大麦、高粱等）去皮，加16%的水，蒸汽加热到120℃左右，用压扁机压制成片状，冷却后配入添加剂，即成压扁饲料。这种饲料可提高饲料的消化和利用效率，适口性好，并且由于饲料被压成扁平状，表面积增大，消化液可以充分浸透，利于发挥消化酶的作用。用压扁高粱喂牛，可提高利用率10%～15%左右。

（6）其他　液体饲料、块状饲料（如饲料砖）等。

总之，在生产实践中，可按配合饲料物理形状的不同，结合畜禽不同的生产方式和生长发育阶段特点来选择合适的料型。如蛋鸡以粉状料为好，肉仔鸡以颗粒料为好，雏鸡适用破碎料等。

第一章 常用饲料特点及营养作用

世界上饲料原料的种类繁多，有数万种，其中约有一半左右的品种出现在我国的饲料市场上。下面按照我国现行饲料分类法，介绍我国农村常用的各种饲料原料及其在动物营养方面的作用。

一、常用粗饲料原料特点及营养作用

粗饲料是指天然水分含量在 45％ 以下，干物质中粗纤维含量大于或等于 18％ 的一类饲料。粗饲料是反刍动物的主要饲料来源，在单胃动物日粮中，尤其是在其限制饲喂期，也会使用一定量的粗饲料。

粗饲料的营养特点：①粗纤维含量很高，有机物消化率较低，因此其有效能水平很低；②矿物质中钙多磷少；③这类饲料除苜蓿等优质青干草外，均较缺乏维生素；④除豆科牧草外，蛋白质含量较低。

常见的粗饲料有干草类、农副产品类（农作物的荚、蔓、藤、壳、秸、秧等）、树叶类、糟渣类。现主要介绍一下苜蓿草粉和甘薯叶粉。

1. 苜蓿草粉特点及营养作用

苜蓿草粉是以紫花苜蓿为原料，人工干燥、晒干或晾干后再经粉碎加工而获得。苜蓿草粉根据干燥调制方法分为脱水苜蓿和日晒苜蓿两大类。苜蓿草粉的质量取决于苜蓿草品种、收获期和调制、贮存条件。苜蓿叶保留越多则质量越好。初花期收获的苜蓿中蛋白质含量最高，而有效能则以蕾期为最高。干草调制时间越短、叶损失越少，则苜蓿草粉营养价值越高。

优质苜蓿草粉蛋白质含量较高，而且其中氨基酸组成与猪、鸡需要量相匹配，特别是苜蓿叶中氨基酸组成更为理想。

苜蓿草粉是一种天然的维生素、矿物质补充料，它含有丰富的铁，较多的锰、锌、钙、硒。苜蓿草粉营养上的另一个特点是含有丰富的胡萝卜素。在常规调制（日晒）后的风干苜蓿草粉中每100克含有51毫克胡萝卜素。

苜蓿草粉可作为反刍动物的优质饲料。良好的苜蓿草粉可以满足马、羊、牛等草食动物维持和生产的营养需要。苜蓿草粉中蛋白质多属于过瘤胃蛋白，可不经过瘤胃微生物分解直接进入皱胃，故其蛋白质利用率较高；另外还可以改善动物肉的色泽。

对于单胃动物，苜蓿草粉有以下缺点：苜蓿草粉中含有的抗营养成分将影响单胃动物的适口性和其他营养成分的消化利用率。因此在单胃动物日粮配制中使用受到限制。一般鸡、仔猪日粮中苜蓿草粉使用量不超过8%，育肥猪不超过20%～25%。

我国苜蓿草粉质量标准规定：苜蓿草粉为粉状、颗粒或草饼，暗绿色或绿色，无发酵、霉变、结块及异味、异臭；含水量不超过13.0%，不得检出沙门菌。并以粗蛋白质、粗纤维和粗灰分含量为质量指标，分为一级、二级、三级3个等级，三级以下为等外品，见表1-1。

表1-1　我国饲料用苜蓿草粉质量等级（行业标准）

营养成分	一级	二级	三级
粗蛋白质	≥18.0	≥16.0	≥14.0
粗纤维	<25.0	<27.5	<30.0
粗灰分	<12.5	<12.5	<12.5

2. 甘薯叶粉特点及营养作用

甘薯又称白薯、红薯、山芋、红苕或地瓜等，我国农村农民有用甘薯叶、茎喂猪的传统。甘薯叶与茎的鲜重比例大约为1∶1.50。甘薯叶粉是以新鲜甘薯叶、叶柄及部分茎为原料，经过人工干燥、晾干或晒干后再粉碎加工而成。甘薯叶粉是一种重要的饲料资源。

甘薯叶、叶柄和茎中营养成分含量差别很大，叶的营养价值高于叶柄，而叶和叶柄的营养价值又远高于茎。

甘薯叶中粗蛋白质含量可达26.5%，其中赖氨酸含量比谷实类饲料高2倍，其他氨基酸比例也接近猪、鸡营养需要量，是一种蛋白质含量比较平衡的饲料资源，锰和硒含量也很丰富。因此，在日粮中使用大量甘薯叶粉时，可不必再添加锰和硒。叶中胡萝卜素的含量是茎的十多倍，是一种天然的维生素A原。

甘薯茎的营养价值较低，粗纤维含量高达31.9%，脂肪和蛋白质含量很低。其所含的消化能或代谢能也是负值，说明其不宜作为单胃动物的饲料。此外，茎中氨基酸、维生素、锰、硒含量也比叶低得多。甘薯叶柄的营养价值则介于叶与茎之间，见表1-2。

表1-2　甘薯叶、叶柄与茎的主要营养成分含量

营养成分含量	叶	叶柄	茎
水分/%	12.0	12.0	12.0
粗蛋白质/%	26.5	12.5	6.4
赖氨酸/%	0.77	0.27	0.47
蛋氨酸/%	0.21	0.08	0.10
苏氨酸/%	0.86	0.25	0.47
粗脂肪/%	5.8	2.5	2.4
粗纤维/%	11.8	15.4	31.9
粗灰分/%	11.6	12.3	7.4
胡萝卜素/(毫克/千克)	148.2	93.1	25.0
锰/(毫克/千克)	130.0	39.2	22.9
硒/(毫克/千克)	0.29	0.009	0.07
消化能/(兆焦/千克)	5.02	5.02	负值
代谢能/(兆焦/千克)	4.27	4.27	负值

二、常用能量饲料特点及营养作用

能量饲料是指干物质中粗纤维含量在18%以下，粗蛋白质含量在 20％以下的饲料，这类饲料一般淀粉含量高，易于消化，有效能值高（猪消化能在 10.46 兆焦/千克以上）。能量饲料中消化能（猪）超过 12.55 兆焦/千克以上的称为高能饲料。

饲料工业中常用的能量饲料有：谷物籽实类、糠麸类和其他类（如薯粉、油脂、糖蜜、乳清粉、酒糟等）。它们是畜禽的重要能量来源，在畜禽饲养和饲料工业中占有极其重要的地位。

（一）常用谷实类饲料及营养作用

谷实类饲料的主要特点：

① 无氮浸出物含量高，一般占干物质的 70％～80％，主要是淀粉。

② 粗纤维含量很低，平均为 2％～6％，因而消化利用率高，其可利用能值高。谷实类饲料是畜禽主要的能量来源，也是配合饲料中用量最大的部分。

③ 蛋白质含量低，且品质差。谷实类饲料蛋白质平均含量在 10％左右（7％～13％），赖氨酸不足，蛋氨酸较少，清蛋白和球蛋白含量少，而品质较差的谷蛋白和醇溶蛋白的含量高（占 80％～90％），难以满足畜禽的蛋白质要求。

④ 矿物质含量不平衡。谷实类饲料钙少（一般低于 0.1％）、磷多（达 0.3％～0.5％），钙磷比例为 1∶6.4，与畜禽的需要不符。且磷主要是植酸磷，利用率低，并可干扰其他矿物元素的利用。

⑤ 维生素含量不平衡。谷实类饲料一般含维生素 B_1、维生素 E 较丰富，而维生素 B_2、维生素 D、维生素 A（黄玉米除外）较缺乏，几乎不含维生素 C。

⑥ 此类饲料含脂肪 3.5％，其中主要是不饱和脂肪酸，亚油酸和亚麻油酸的比例较高。

不同谷物籽实因养分组成不同，饲用价值亦不同。

1. 饲用玉米特点及营养作用

饲用玉米是指用于饲料生产、饲喂动物的玉米籽实，包括黄玉米、白玉米、糯玉米和杂玉米。玉米的分类形式很多，如按颜色可分为黄玉米、白玉米和混合玉米；按品种可分为硬玉米、糯玉米、爆玉米、粉玉米和高油玉米等；而按玉米加工后的形态又可分为玉米粉、玉米碎和熟玉米等。

玉米总能平均高达 18.50 兆焦/千克，其中 83％ 可被畜禽利用，即其代谢能达 15.07 兆焦/千克，在谷实类饲料中最高，因此号称"能量之王"。这与玉米中脂肪和无氮浸出物含量高有关。此外，玉米收获时的成熟度也影响玉米代谢能值。据推测，玉米收获时水分每增加 1％，每千克玉米热能便减少 50.24 千焦。

玉米中脂肪含量平均为 4.0％，脂肪酸中 88.5％ 为不饱和型，其中以亚油酸含量最高，占玉米整粒的 2％ 左右。在猪、鸡配合饲料中亚油酸需要量为 1％。如果玉米在配合饲料中使用比例达 50％ 以上，就可满足动物对亚油酸的需要。

猪饲料中使用玉米过多易造成软脂肉。粉碎后玉米易酸败，易被霉菌污染而产生黄曲霉毒素。玉米对猪的饲养效果很好，但要避免过量使用，以防有效能值太高使背膘增加。饲用玉米时应考虑添加赖氨酸。

玉米是鸡最重要的饲料原料，其有效能值高，最适合肉仔鸡育肥，且黄玉米对蛋黄、皮肤、脚、喙都有良好的着色功能，因而在蛋鸡饲料中也广为应用。

玉米中蛋白质含量偏低，而且氨基酸组成不全，其中赖氨酸、色氨酸等必需氨基酸含量偏低，故玉米不是优质蛋白质源。因此，在配制以玉米为主的配合饲料时，除要考虑蛋白质含量外，更重要的是检查必需氨基酸含量。实践中通常是通过不同蛋白质原料的搭配或使用工业合成的氨基酸来满足动物的营养需要。

2. 饲用小麦特点及营养作用

饲用小麦可利用能量接近玉米，粗蛋白质含量居谷实类之首，一般为 12％ 以上，但必需氨基酸尤其是赖氨酸不足，粗脂肪含量低（约 1.7％），这是小麦能值低于玉米的主要原因。

小麦非淀粉多糖（NSP）含量较高，可占干物质的 6% 以上，主要是阿拉伯木聚糖，不能被动物消化酶消化，而且有黏性，影响消化率。

小麦对猪的适口性好于玉米，全小麦型饲粮可改善肉质及胴体品质。但由于含非淀粉多糖的原因，小麦配比量过高会降低日增重及饲料利用率。添加酶制剂的小麦可完全或部分替代玉米，以替代玉米 40%～50% 为佳。

小麦对鸡的饲用价值约为玉米的 90%。饲粮中小麦用量过高，会由于非淀粉多糖黏性的原因而导致蛋鸡产脏蛋、饲料利用率下降；引起地面平养肉用仔鸡垫料过湿、氨气过多、生长受抑制、跗关节损伤和胸部水疱发病率增加、宰后等级下降等。在添加非淀粉多糖酶制剂的前提下，饲粮配比控制在 20%～30%。此外，高小麦饲粮因色素少而引起鸡蛋蛋黄颜色变浅。

小麦是反刍动物很好的能量来源，但日粮中配比应控制在 50% 以下，否则易引起瘤胃酸中毒。

小麦是所有谷物中最适于杂食鱼和草食鱼的淀粉质原料，而且能改善颗粒料硬度。

3. 饲用稻谷、糙米、碎米特点及营养作用

稻谷是主要粮食作物，随着饲料工业的迅猛发展，饲用稻谷用量在逐渐增加。

饲用稻谷是指带壳的水稻籽实，它包括稻米（大米）、大米糠和砻糠三部分。砻糠约占整粒稻谷重量的 20%～25%；大米糠占 7%～9%，其主要由种皮和胚组成。实验证明，砻糠中含有大量木质素、纤维素和硅酸，对单胃动物没有营养价值。

含有砻糠的稻谷代谢能水平为 10.67 兆焦/千克，是谷实类中最低的。

稻谷的粗蛋白质含量很低，仅为 8.3%，比玉米还低，而且必需氨基酸组成也不理想。稻谷中的钙、铜、锌、硒等微量元素含量明显低于其他谷实。

在小鸡、仔猪日粮中应限制稻谷的使用。对于生长猪，稻谷的利用价值约为玉米的 85%。

糙米和碎米由于去掉了稻谷的纤维素外壳，使有效能比稻谷高出 18%～25%，粗纤维含量仅为稻谷的 12% 左右。因此对于猪、鸡的饲养，完全可以由糙米或碎米代替玉米。

表 1-3 显示的是分别用相同比例的玉米、稻谷、糙米和大米日粮饲喂育肥猪的增重效果比较。

表 1-3　四种类型谷物对育肥猪的影响

项目	玉米	稻谷	糙米	大米
日增重/千克	0.70	0.63	0.69	0.70
日采食/千克	2.16	2.30	2.17	2.10
饲料转化率/%	3.11	3.67	3.14	2.98

4. 饲用高粱特点及营养作用

高粱是我国种植面积较大的农作物之一，可分为褐高粱、黄高粱、白高粱、混合高粱。褐高粱俗称黑高粱，其中含较多单宁酸（约 1%～2%），味苦，适口性差；黄高粱俗称红高粱，其中单宁酸含量较低（约 0.09%～0.36%）；白高粱单宁酸含量最低（约 0.04%～0.09%）；混合高粱是上述几种高粱混合种植的产品。

饲用高粱依据外形又可分为高粱粒、高粱粉和高粱碎三种。

高粱的脂肪和必需脂肪酸含量分别达 3.4% 和 1.5%，虽然这两项指标均低于玉米，但却比其他谷实类要高。高粱的淀粉含量与玉米相似，但由于受蛋白质覆盖的程度较高，可能影响淀粉的消化利用，因此高粱的有效能略低于玉米。高粱蛋白质营养性与玉米相似，含量低，质量差，缺乏赖氨酸、组氨酸和色氨酸，其蛋氨酸含量较玉米低。

高粱营养性的特点之一是单宁问题。高粱的种皮含有较多的单宁，平均为 0.38%，味苦，是一种抗营养因子，可阻碍能量、蛋白质等养分的利用，降低适口性。生长、育肥猪用部分高粱取代玉米（不超过50％），其饲养效果等同于玉米，如完全取代则饲养效果差。高粱粉喂猪一般不超过饲粮比例的20％。使用高粱时，应注意与优质蛋白质饲料搭配（如豆粕）。饲喂高粱的猪胴体瘦肉率高于饲喂玉米的猪，但仔猪应避免使用。

喂鸡则控制在15％以下，而且其中单宁的含量应在0.5％以下，若超过1％，则可降低消化率及增重速度。由于高粱中叶黄素含量较低，还会影响蛋黄、皮肤、脚等部位的颜色。对于低单宁含量的高粱可相应增加其用量。

5. 饲用大麦特点及营养作用

大麦是重要的谷物之一，全世界总产量仅次于小麦、水稻、玉米而居第四位。大麦按有无外壳分为两类：带壳大麦也叫草大麦（皮大麦），无壳大麦也叫裸大麦（元麦或青稞）。草大麦是我国的主要大麦种类，依谷粒在穗上的排列方式又可分为二棱大麦与六棱大麦；裸大麦依据播种季节又可分成冬大麦与春大麦。

大麦的蛋白质含量平均为11％；氨基酸组成中赖氨酸、色氨酸、异亮氨酸等含量高于玉米；粗脂肪含量约2％，低于玉米，脂肪酸中一半以上是亚油酸。裸大麦的粗纤维含量与玉米相近，草大麦的粗纤维含量比裸大麦高1倍多。二者的无氮浸出物含量均在67％以上，主要成分是淀粉，其他糖分约占10％。裸大麦的有效能值高于草大麦，仅次于玉米。大麦钙、铜的含量低，但含铁较多。

大麦不宜用于仔猪，但若是裸大麦或经脱壳、压片及蒸汽处理后则可取代部分玉米饲喂仔猪。以大麦饲喂育肥猪，日增重与玉米相当，但饲料转化率不如玉米；若经脱皮制粒处理，则与玉米价值相当。大麦在猪饲粮中用量以不超过25％为宜。由于大麦脂肪含量低、蛋白质含量高，是育肥后期猪的理想饲料，能获得脂肪白、硬度大、瘦肉多的猪肉。我国著名的"金华火腿"产区，历史上曾将大麦作为养猪必备精料之一。对种猪应避免使用大麦，以防麦角毒引起繁殖障碍、流产和无乳。

大麦对鸡的饲喂价值明显不如玉米，最好控制在10％以下。

大麦用量过多，还会使鸡腹腔内的脂肪熔点增高，排粪量增加，粪便含水量和黏性增加，从而导致垫料含水量增加，肉鸡腿部和胸部水疱病发病率增加，胴体等级下降，蛋鸡饲料转化率明显下降，脏蛋增多。

草大麦和裸大麦的常规成分及营养价值的比较结果见表1-4。

表1-4　草大麦和裸大麦的常规成分及营养价值比较

种类	水分/%	粗蛋白质/%	粗脂肪/%	粗纤维/%	粗灰分/%	无氮浸出物/%	消化能（猪）/（兆焦/千克）	代谢能（鸡）/（兆焦/千克）
草大麦	13.0	11.0	1.7	4.8	2.4	67.1	12.73	11.35
裸大麦	13.0	11.4	2.0	1.5	2.0	70.1	14.15	11.72

（二）糠麸类饲料特点及营养作用

糠麸类饲料都是谷物加工成食物后的副产品，常见的有麦麸、米糠，此外还有玉米糠、高粱糠、小米糠等。它们主要是由谷物的种皮、糊粉层和少量胚乳、胚组成。糠麸类饲料的营养价值因加工的程度不同而异。

糠麸类饲料的优点：①蛋白质含量较高，一般在10%以上，比谷实类要高；②B族维生素，尤其是维生素B_1（硫胺素）、烟酸、吡哆醇较多，维生素E也较多；③物理结构疏松，含适量粗纤维和硫酸盐，有轻泻作用；④可作为载体、稀释剂或吸收剂。

糠麸类饲料的缺点：①可利用能量水平低，仅为相应谷实类饲料的一半；②钙含量少，磷被畜禽利用的比率很低；③有吸水性，容易发霉变质。

1. 小麦麸、次粉特点及营养作用

小麦麸是由小麦籽实经加工制粉工艺所得的副产品，小麦麸主要由全部的种皮、糊粉层、胚及少量胚乳构成。小麦麸的营养价值随面粉加工工艺、品质不同而有较大差别。小麦的出粉率越高，则小麦麸内粗纤维含量越高，消化率越低，营养价值也就越低；小麦

出粉率越低，则麦麸中胚乳和胚的含量越高。

次粉是以小麦磨制精粉后，再除去小麦麸和胚的剩余物，也就是加工精粉之后的次等面粉。与小麦麸相比，次粉的粗纤维含量相当低，它主要由胚乳组成。次粉由于粗纤维含量低而无氮浸出物含量高，有效能水平较高，加上赖氨酸含量也较高，是优质的能量饲料，可用于所有动物的日粮配制。

小麦麸蛋白质含量一般在 10% 以上，赖氨酸含量也较高；有效能水平较低，代谢能水平在 8.37 兆焦/千克以下；B 族维生素，特别是硫胺素、烟酸、吡哆醇及维生素 E 含量较丰富；钙含量较低；磷虽然较多，但却是以植酸磷的形式存在，可利用率很低。日粮中小麦麸用量较高时将影响饲料微量元素的吸收。

小麦麸对于奶牛和马属动物是优质的饲料，因为小麦麸不仅结构疏松，而且含有轻泻性物质，有助于胃肠道蠕动，保持消化道的健康，尤其对妊娠后期和哺乳期动物有保健作用。在产蛋鸡和限制饲养的生长鸡的日粮中，使用小麦麸可控制其采食的能量浓度，防止过肥。此外，有报道指出，小麦麸可提高猪肉的品质。但由于小麦麸有效能水平较低，它不适合作为肉用仔鸡和育肥猪的饲粮。

2. 米糠、砻糠、统糠特点及营养作用

米糠是以糙米精制成大米后分离出的种皮、糊粉层和胚三种物质的混合物。米糠的营养价值因大米加工精度不同而异。

砻糠（稻壳粉）是指稻谷外层坚硬的壳粉碎后得到的产物。

统糠是米糠与砻糠的混合物，根据统糠中米糠与砻糠的比例不同，分为二八糠、三七糠、四六糠。

米糠中含有约 13% 的粗蛋白质和 17% 左右的粗脂肪，有效能值略高于稻谷。米糠油脂中含有不饱和脂肪酸，易被氧化酸败，不易保存。另外，米糠还含有胰蛋白酶抑制因子，其活性很高，饲用量过大或贮藏不当均会抑制畜禽的正常生长。

与米糠相比，脱脂米糠的粗脂肪含量大大降低，特别是米糠粕的粗脂肪含量仅有 2% 左右，粗纤维、粗蛋白质、氨基酸和微量元素均有所提高，而有效能值降低。

米糠和脱脂米糠中均含有较多的氨基酸，特别是含硫氨基酸，且富含铁、锰、锌等矿物质，缺陷为磷含量大于钙 20 倍以上，比例极不平衡，同时，植酸磷的比重也很大。

米糠是猪很好的能量饲料。新鲜米糠在生长猪饲粮中可用到 10%～12%，育肥猪饲粮米糠用量过多，可使猪背膘变软、胴体品质变差。通常猪饲粮中米糠用量宜控制在 15%以下。

米糠喂鸡一般控制在 10%以下，雏鸡采食大量未经加热、高压处理的全脂米糠则可造成胰腺肥大。另外米糠用量太高不仅会影响适口性，还会因植酸过多，降低钙、镁、锌、铁等矿物质的利用率。总之，米糠饲喂家禽的效果不如饲喂猪，但米糠饲粮可提高蛋重（因亚油酸含量高）。

3. 其他糠麸类

(1) 小米糠　粗纤维含量为 8%，代谢能 8.4 兆焦/千克左右，粗蛋白质含量稍高，约为 11%，含 B 族维生素较多，尤其是维生素 B_1 和维生素 B_2，粗脂肪含量也较高。

(2) 高粱麸　主要是高粱种粒的外皮，有的带有红色，代谢能可达 8.4 兆焦/千克左右，粗蛋白质含量约为 10.3%。有些杂种高粱的麸皮含单宁多，适口性差，易导致动物便秘。

(3) 玉米麸　含粗纤维较多，约为 9.5%～10%，代谢能水平较低，约 8 兆焦/千克左右，粗蛋白质含量约为 10%。

（三）块根、块茎及瓜果类饲料特点及营养作用

1. 营养特点

鲜样含水量高，一般为 75%～90%；以干物质为基础的无氮浸出物为 60%～88%，其中主要是淀粉；粗纤维占 3%～10%，木质素几乎为零，所以消化率高；粗蛋白质含量特低，为 5%～10%，且多为非蛋白氮；矿物质含量较低，为 0.8%～1.8%，钙、磷缺乏，但钾、氯高；缺乏维生素，除胡萝卜、黄南瓜、红心甘薯含有较丰富的胡萝卜素外，其他块根、块茎都缺乏胡萝卜素。

适口性和消化性好，以干物质计，有效能值高，属于高能饲料。每千克干物质猪的消化能为 12.55～14.46 兆焦，鸡的代谢能为 12.13～12.55 兆焦，牛的产奶净能为 8.37～9.62 兆焦，与谷实类饲料的能值相当。

这类饲料属于重要的高能饲料，是畜禽日粮的重要能量来源。鲜用时，这类饲料是反刍家畜冬季不可缺少的多汁饲料，也是补充胡萝卜素的重要来源，对保证畜体健康、促进产奶量有着重要作用。但鲜用时其水分高、能值低，若单独饲用，则干物质和能量的采食量难以保证，而且矿物质、蛋白质和维生素均不能满足家畜的需要。因此，必须与其他饲料配合使用。

2. 营养作用

（1）甘薯 又称白薯、红薯、红苕、地瓜、番薯、薯茨等。新鲜甘薯多汁、有甜味，畜禽均喜采食，特别对育肥猪和泌乳牛，有促进消化、贮积脂肪和增加产奶的效果。其生喂和熟喂的干物质及能量消化率基本相同，但蛋白质消化率则熟喂比生喂约高 1 倍。甘薯中各种矿物元素，如钙、磷、铁、铜、锰、锌、硒等的含量，在能量饲料中均居于末位，饲用时必须添加补充。

（2）马铃薯 又称土豆、洋芋、地蛋、山药蛋等。用马铃薯喂猪，熟喂效果好；牛、马则可生喂。饲用马铃薯时，应与蛋白质饲料、谷实类饲料等混喂效果较好。马铃薯含有龙葵素，采食过多会使家畜患胃肠炎；成熟的块茎含量不多，但当马铃薯发芽时，龙葵素就会大量生成，一般在块茎青绿色的皮上、芽眼及芽中最多。

（3）胡萝卜 胡萝卜鲜品中水分含量高，容积大，冬季青绿饲料缺乏时，在干草和秸秆饲料比重较大的动物日粮中加入一些胡萝卜，可以改善日粮的口味，调节代谢机能。胡萝卜对种畜有很好的调养作用。

（4）饲用甜菜 又称甜萝卜，品种很多。甜菜渣多用于育肥牛。甜菜喂量不宜过大，因其中含有大量有机酸，会引起家畜腹泻。饲喂奶牛时，过量则影响奶的品质。饲用甜菜与优质干草混合饲用效果较好。刚收获的甜菜不宜马上喂家畜，否则会引起下痢。由于甜菜的体积过大，不太适合喂鸡和仔猪。

(5) 木薯 又称树薯、树番薯，为热带多年生灌木，适应性极强，素有"开荒作物"之称。木薯分为苦味种和甜味种两大类，均含有氢氰酸，其皮中含量最高。木薯经过水浸、蒸煮、晒干或干热到 $70 \sim 80℃$，可使氢氰酸减少或消失。在猪的饲粮中搭配 15％左右的木薯时，无不良影响；猪、牛饲喂过多木薯，会引起下痢。

(6) 瓜类 主要代表为南瓜，南瓜干物质中无氮浸出物占 $60％ \sim 70％$，以干物质基础比较，南瓜的有效能值与薯类相似。肉质黄色的南瓜富含胡萝卜素。南瓜切碎后可喂各种动物，煮熟后适口性更佳。饲用品种南瓜单产高，但干物质含量稍低。

其他瓜类还有西葫芦、冬瓜、木瓜、西瓜和甜瓜等，这些都是人类的蔬菜和水果。通常只将不能被人类食用的劣质和未成熟的瓜类作饲料。

(7) 糊化淀粉 在水产动物饲料及人工乳中广为应用，一般以马铃薯为原料，首先生产马铃薯淀粉，然后通过一系列工序使其形成易消化吸收的淀粉，此淀粉更具有黏弹性。

（四）其他加工副产品

1. 油脂类饲料特点及营养作用

油脂是油与脂的总称，按照一般习惯，在室温下呈液态的称为"油"，呈固态的称为"脂"。随着温度的变化，两者的形态可以互变，但都是由脂肪酸与甘油所组成。根据产品的来源及状态可将油脂分为动物性油脂、植物性油脂和海产动物油脂。

(1) 对猪的营养作用 可改善适口性、提高增重及增进仔猪免疫能力，以大豆油为最佳；肉猪饲料添加油脂也可提高增重、改善饲料效率，但脂肪含量太高会导致背膘增厚而影响胴体品质，一般 60 千克以上肉猪不宜再添加。母猪分娩前一周给予油脂，可增加泌乳量及乳脂率，提高初乳质量，维持母猪体重，增加仔猪存活率，并且可避免母猪失重及改善受胎率。

（2）对鸡的营养作用 添加不饱和脂肪酸含量高的油脂可补充亚油酸，增加蛋重。在炎热的夏季，添加油脂可避免因酷热造成的鸡食欲不振和产蛋率下降等。肉鸡日粮添加适量油脂可满足机体代谢能要求，并能显著提高肉鸡日增重和饲料报酬。由于肉鸡体内脂肪沉积绝大部分发生在育肥阶段，从减少腹脂和提高生产性能两方面考虑，建议在肉鸡前期日粮中添加 2%～4% 的猪油等廉价油脂，以提高生产性能；而在后期日粮中添加必需脂肪酸含量高的油脂（大豆油、玉米油等），以改善肉质。

（3）对反刍动物的营养作用 2 周龄以上犊牛的代乳料中需要使用足量的高品质油脂（10%～20%），但是用不饱和脂肪酸含量高的大豆油和棉籽油喂犊牛时，须经过氢化处理使不饱和脂肪酸成为饱和脂肪酸，或添加抗氧化剂和维生素 E 加以改善。高产奶牛的能量供应不易满足，提高精料比例会降低乳脂率和诱发鼓胀症、酮病等代谢病。因此日粮中添加适量油脂以代替淀粉类精料，可在不提高精料比例的条件下提高日粮能量浓度，满足奶牛的产奶需要。一般认为在泌乳初期和泌乳盛期，日粮中添加 3%～6% 的油脂效果较好。

（4）对水产动物的营养作用 不仅可以提供能量及必需脂肪酸，还具有节省饲料蛋白质的功效。

2. 糖蜜特点及营养作用

糖蜜是甘蔗和甜菜制糖的副产物。糖蜜中仍残留大量的蔗糖，含有大量的有机物和无机盐，还含有 20%～30% 的水分。干物质中粗蛋白质含量很低，约 4%～10%，其中的非蛋白氮比例较大。糖蜜的粗灰分含量较高，占干物质的 8%～10%。糖蜜具有甜味，各种畜禽均喜采食，但糖蜜具有轻泻性，日粮中糖蜜量大时，易使畜禽粪便发黑、稀薄。

3. 乳清粉特点及营养作用

乳清粉是乳品加工厂生产乳制品的副产物，其主要成分是乳糖，还残留少量的乳清蛋白和乳脂。断奶日粮中的乳清粉有少部分乳糖在 pH 5.5 左右条件下被消化道中的乳酸菌发酵产生乳酸，能用于维持断奶仔猪消化道内适宜的酸度；另外，乳清粉能明显改善 3～4 周龄断奶仔猪的生产性能。

三、蛋白质饲料特点及营养作用

凡是干物质中粗蛋白质含量在 20％以上、粗纤维含量在 18％以下的饲料即为蛋白质饲料。蛋白质饲料在日粮中的用量比能量饲料少得多，一般仅占 10％～30％，但它对满足畜禽蛋白质需要非常关键。蛋白质饲料主要包括植物性蛋白质饲料、动物性蛋白质饲料、单细胞蛋白质饲料与非蛋白氮饲料，在配合饲料中常用的是前两类。

（一）植物性蛋白质饲料特点及营养作用

常用的植物性蛋白质饲料主要有饼粕类饲料、豆科籽实、糟渣等。其中，饼粕类饲料在配合饲料工业中最为重要。

饼粕类饲料是含油籽实经过脱油后留下的副产品。提油的工艺有三种，即压榨法、浸提法、预压-浸提法。压榨工艺的副产品称饼，后两种工艺的副产品称粕。饼粕类饲料的营养因原料、加工工艺等的不同而有很大差别，其主要因素有：①原料未经去壳处理加工成的饼粕含粗纤维较多，导致畜禽消化率降低；②压榨法生产的饼中残油脂一般在 5％左右，土榨法则更高，达 10％左右，而粕中残油率很低，在 1％左右，因此饼比粕的有效能水平高；③压榨工艺中的高温能破坏一些有害物质，同时也降低了一些营养物质（如赖氨酸）的利用率。

1. 大豆饼（粕）特点及营养作用

大豆饼（粕）是最优秀的植物性蛋白质饲料，也是我国最常见的蛋白质饲料源。其蛋白质含量高达 40%～45%，而且必需氨基酸的组成比例也相当好；赖氨酸含量达 2.5% 以上，是所有饼粕类饲料中最高的；赖氨酸与精氨酸之间的比例也较为恰当，约为 100：130；异亮氨酸含量也很高，而且与亮氨酸的比值也是所有饼粕类饲料中最高的；此外，色氨酸和苏氨酸含量也很高。

　　大豆饼（粕）中的矿物元素受大豆原料、加工方法、产地等因素的影响，总的来看，铁、锌含量丰富。大豆饼（粕）的代谢能为 9.21～10.47 兆焦/千克，消化能为 12.56～14.65 兆焦/千克，其中大豆饼因脂肪含量高于大豆粕，因而有较高的消化能或代谢能。生大豆或未经加热处理而获得的大豆饼（粕）中含有抗胰蛋白酶因子、红细胞凝集素等抗营养因子。这些抗营养因子含量过高时，将减少蛋白质的消化吸收率，导致动物拉稀等。这些抗营养因子在 50～60℃时 30 分钟即可失活，因此大豆提油工艺中的热处理是决定其饼（粕）中抗营养因子含量的关键。

　　大豆饼（粕）在营养上的不同主要表现在：大豆饼含脂肪较高，有效能水平较高，而蛋白质及氨基酸含量相对较低；大豆粕则相反。由于热处理显著影响大豆饼（粕）中抗营养因子的含量及本身的利用率，因此使用大豆饼（粕）时应有所注意。

　　大豆饼（粕）与大量玉米和很少量鱼粉配制的饲料，特别适合饲喂家禽。大豆饼粉的适口性好，各种动物都很喜食，也常在水貂、鱼、虾及宠物的配合饲料中使用。

2. 棉籽饼（粕）的特点及营养作用

　　完全脱壳的棉籽饼（粕）蛋白质含量在 41% 以上，代谢能可达 10.05 兆焦/千克，与大豆饼（粕）相当。而带壳的棉籽饼蛋白质含量仅 22% 左右，代谢能为 6.28 兆焦/千克，不宜作为肉鸡饲料。我国目前所产的棉籽饼（粕）都含有一定的棉籽壳，其蛋白质含量一般在 32%～37%，氨基酸比例不协调，精氨酸含量过高、赖氨酸相对不足、蛋氨酸含量较少。通过棉籽饼（粕）与菜籽饼（粕）及大豆饼（粕）的配合使用，可协调饲料中各种氨基酸之间的比例。

微量元素中以铁和锌在棉籽饼中含量比较丰富。棉籽饼脂肪含量较高，约6%左右，而棉籽粕脂肪含量一般在1.5%以下。

在饲料中使用棉籽饼（粕）时应注意其中的棉酚和环丙烯脂肪酸这两种主要毒素的含量。一般来说，当单胃动物日粮中游离棉酚含量超过0.01%时就会引起不同程度的中毒，其主要表现在：机体生长受阻，生产性能下降，贫血，呼吸困难，繁殖能力下降，甚至死亡。日粮中蛋白质水平、亚铁离子浓度和钙离子水平影响着棉酚的中毒剂量，即当日粮中蛋白质、亚铁离子或钙离子含量高时，可缓解棉酚的中毒作用。环丙烯脂肪酸在饲料中含量超过30克/千克时，将导致鸡蛋蛋白变色，此外蛋清在加热后呈海绵状，影响了蛋的品质。因此，将棉籽饼（粕）用于饲喂单胃动物时，应先进行去毒处理，或限量使用，见表1-5。

表1-5 单胃动物日粮中不去毒棉籽饼（粕）的推荐限量

单位：%

种类	仔猪	育肥猪	肉鸡	蛋鸡
土榨棉籽饼		10		
机榨棉籽饼	10	30	20	10
浸提棉籽粕	10	30	20	10

3. 菜籽饼（粕）特点及营养作用

菜籽饼、粕间的区别主要表现在，前者脂肪含量较高，约8%，能量水平也较高，但蛋白质含量相对较低，低2～3个百分点，后者则正好相反。

菜籽饼（粕）的蛋白质含量一般在35%左右，在饼粕类饲料中属中上水平。其氨基酸组成的特点是蛋氨酸含量较高，因此与大豆饼配合使用可以提高日粮中蛋氨酸的含量；而精氨酸含量是饼粕类饲料中最低的，所以菜籽饼（粕）与棉籽饼（粕）配合使用，可改善日粮中赖氨酸与精氨酸的比例关系。

菜籽饼（粕）由于粗纤维含量较高，因此其可利用能量水平较低，对鸡的代谢能不到 8.37 兆焦/千克；另外，菜籽饼（粕）对单胃动物的适口性较差；菜籽饼（粕）所含的 B 族维生素，除泛酸外，均高于大豆饼（粕）；在微量元素中硒含量较高，值得注意的是，不同地域所产的菜籽饼（粕）含硒量变化幅度较大。

菜籽饼（粕）所含的抗营养因子较多，主要为硫代葡萄糖苷类物质的代谢物，如噁唑烷硫酮和异硫氰酸盐。这些物质对动物的甲状腺和肝脏有较大毒害作用，可使甲状腺肿大，肝脏出血，凝血能力下降。

此外，菜籽饼（粕）中还含有单宁、芥子碱、皂苷等抗营养物质。它们影响动物的采食量，抑制饲料中蛋白质等营养物质的消化利用率，阻碍动物生长。在蛋鸡饲料中使用菜籽饼时，鸡蛋中三甲胺含量上升，常有腥味，降低了鸡蛋品质。

由于菜籽饼（粕）中抗营养因子较多，因此作为饲料使用前要进行脱毒处理，或者应限制其在配制日粮中的使用比例，见表1-6。另由于不同油菜品种间硫代葡萄糖苷含量差别较大，据此将菜籽饼（粕）分为高硫代葡萄糖苷类、低硫代葡萄糖苷类，在作为饲料使用时也应分别处理。

表 1-6　猪、鸡配合饲料中不去毒菜籽饼（粕）推荐用量　单位：%

猪、鸡种类	高硫代葡萄糖苷类	低硫代葡萄糖苷类
小鸡、青年鸡	10	20
蛋鸡、种鸡	5	10
仔猪	4	
生长育肥猪	8	
母猪	8	

4. 花生饼（粕）特点及营养作用

花生饼中残脂率约 7%～8%，而花生粕中仅为 0.5%～2.0%。花生饼（粕）的能量水平较高，代谢能（鸡）可达 12.14 兆焦/千克，是饼粕类饲料中最高的。花生饼（粕）有特殊的香味，所有动物都喜食，适口性好。花生饼（粕）中蛋白质含量也是所有饼粕类饲料中最高的，大约 $37\% \sim 48\%$。但其氨基酸组成不佳，赖氨酸和蛋氨酸含量很低，而精氨酸含量可高达 5.3%，是所有动物性、植物性饲料中最高的。因此，在猪、鸡日粮中不宜将花生饼（粕）作为唯一的蛋白质饲料源，应与豆饼（粕）、菜籽饼（粕）、鱼粉等搭配使用。

花生饼（粕）中铁含量丰富，而钙、磷含量较少。花生饼中含较多花生油，其不饱和脂肪酸含量较高，饲喂育肥猪易生产出软脂质的猪肉。

花生饼（粕）在贮藏中极易感染黄曲霉，产生黄曲霉毒素，导致动物特别是家禽中毒。其中毒症状主要为肝、肾肿大，甚至死亡。因此，黄曲霉毒素是影响花生饼（粕）质量的重要因素。

5. 向日葵饼（粕）特点及营养作用

向日葵又称葵花。向日葵的壳坚硬，主要由纤维素、木质素等组成，营养价值极低。因此，向日葵饼（粕）的营养价值主要取决于含壳的多少，壳含量愈高，其营养价值愈低。

完全或大部分去壳的向日葵饼（粕）是优质的蛋白质饲料，其蛋白质含量在 40% 以上，蛋氨酸、胱氨酸等含硫氨基酸含量较高，约为大豆饼（粕）的两倍，赖氨酸含量相对较低；粗纤维含量在 9% 以下，钙、磷含量较高，B 族维生素比豆饼丰富，尤其是核黄素（维生素 B_2）、硫胺素（维生素 B_1）含量很高，但市场上这类产品较少。完全或大部分带壳的向日葵饼（粕）中粗蛋白质含量在 17% 以下，而粗纤维含量在 25% 以上，已属于粗纤维饲料。它们不宜饲喂单胃动物（猪与禽），可作为反刍动物饲料。部分带壳向日葵饼（粕）粗蛋白质含量在 $23\% \sim 40\%$，粗纤维含量在 $15\% \sim 25\%$，可与其他饼粕配合使用作为猪、禽饲料。向日葵饼（粕）的一大优点是其不含抗营养因子或有毒有害成分。

我国饲料用向日葵饼（粕）的标准规定：向日葵饼（粕）水分

含量不应超过 12％，不得检出沙门菌，并根据粗蛋白质、粗纤维和粗灰分含量将其分为三个质量等级，见表 1-7。

表 1-7　我国饲料用向日葵饼（粕）质量等级标准　　单位：％

营养成分	向日葵饼			向日葵粕		
	一级	二级	三级	一级	二级	三级
粗蛋白质	≥36.0	≥30.0	≥23.0	≥38.0	≥32.0	≥24.0
粗纤维	<15.0	<21.0	<21.0	<16.0	<22.0	<28.0
粗灰分	<9.0	<9.0	<9.0	<10.0	<10.0	<10.0

6. 亚麻饼（粕）特点及营养作用

亚麻俗称胡麻，主要种植于我国西北、东北的高海拔地区。

亚麻饼（粕）的蛋白质水平约为 30％～38％，在饼粕类饲料中属中等，赖氨酸及含硫氨基酸含量较低。有效能水平因其脂肪及粗纤维含量不同而异，脂肪含量愈高、粗纤维含量愈低，则有效能水平愈高。维生素中以核黄素（维生素 B_2）和烟酸含量较为丰富。

亚麻饼（粕）中含有黏性物质，可吸收大量水分而膨胀，从而可使饲料在反刍动物的瘤胃内停留时间延长，有利于提高饲料的利用率。对于猪、鸡等单胃动物，黏性物质可保护胃肠黏膜，润滑肠壁，防止便秘，另外还有润泽皮毛的作用。

亚麻籽特别是未成熟无籽的种皮及胚中含有亚麻苦苷和亚麻酶，在 pH 值为 5.40 的酸性环境及 50℃有水条件下，亚麻苦苷可水解产生氢氰酸，氢氰酸对动物有毒害作用。但在亚麻籽榨油工艺中高温可使亚麻酶失活，故产生的亚麻苦苷较少，生成的氢氰酸也不多。因此，一般亚麻饼（粕）中氢氰酸含量不高。

由于这两种饼粕蛋白质及必需氨基酸含量不高，所含黏性物质不能被猪、鸡消化。因此，仔猪日粮中应尽量少用，生长育肥猪日粮中一般使用量为 10％～15％，鸡日粮中最好不超过 10％。

（二）动物性蛋白质饲料特点及营养作用

来源于动物或其加工副产品，蛋白质含量较高的饲料称为动物性蛋白质饲料，常见的有鱼粉、肉骨粉、血粉、羽毛粉等。

动物性蛋白质饲料的特点是蛋白质含量高，氨基酸组成好，赖氨酸、蛋氨酸、色氨酸等必需氨基酸含量高，含磷、钙多，可利用能量水平高。

1. 鱼粉特点及营养作用

鱼粉是以鱼、虾、蟹类等水产动物或鱼品加工的副产品为原料，经干燥、脱脂、粉碎而制成的饲料。

优质鱼粉具有以下营养特点：①鱼粉是高能量蛋白质饲料，代谢能水平可达 $11.72 \sim 12.56$ 兆焦/千克，高于饼粕类蛋白质饲料；②鱼粉蛋白质含量高，氨基酸组成适当，必需氨基酸特别是赖氨酸、蛋氨酸含量高，与植物性饲料配合饲喂，能达到氨基酸平衡；③鱼粉中钙、磷含量高，而且磷都是可利用磷；④鱼粉富含其他植物性饲料中都没有的钴胺素（维生素 B_{12}），核黄素（维生素 B_2）和生物素（维生素 B_7）含量也较高，微量元素中硒与锌丰富；⑤鱼粉中还含有促生长因子。

日粮中鱼粉的使用量一般是 $3\% \sim 10\%$。如育肥期或产蛋期日粮中鱼粉用量超过 10%，肉品、蛋品中会出现鱼腥味，影响畜产品品质。试验证明，日粮中鱼脂肪含量超过 0.7% 就会产生鱼腥味。目前，我国沿海地区农村土法生产的鱼粉，其品质较低劣且差异很大。有些劣质鱼粉蛋白质含量不足 20%，粗灰分高达 35%，盐分达 15%。

由于鱼粉价格较高，常出现伪造掺假现象。另外鱼粉中脂肪等营养成分含量较高，保存不当易发霉变质，使鱼粉营养价值显著下降，并可产生对动物有害的毒素。

2. 肉骨粉特点及营养作用

肉骨粉也称骨肉粉，是由屠宰场不能食用的废弃胴体、胚胎、内脏等经高温处理、干燥和粉碎加工制成的粉状物。

肉骨粉因使用的原料种类、骨肉比例不同，其营养价值差别很大。一般肉骨粉中粗蛋白质含量为 30％～55％，其中赖氨酸含量丰富，蛋氨酸和色氨酸较少。肉骨粉中蛋白质消化率为 60％～80％；钙、磷含量较高，比例也适宜，而且磷都是可利用磷。肉骨粉易吸水受潮，不易保存，在畜禽日粮中的用量一般不超过 10％。

3. 血粉特点及营养作用

血粉是由屠宰家畜的血液经干燥而制成的，干燥方法有常规干燥、快速干燥和喷雾干燥三种。血粉不应含有动物毛发、胃内容物及粪、尿等杂物。

血粉营养中的粗蛋白质含量高达 80％以上。但其中氨基酸组成却很不均匀，赖氨酸含量较高，蛋氨酸、异亮氨酸和甘氨酸含量低。在配制日粮中使用血粉时，除应考虑与花生饼（粕）、棉籽饼（粕）等其他饼粕的配伍，还要注意满足异亮氨酸的需要。

由于血粉的加工方法不同，其蛋白质和氨基酸利用率有较大差别，其中以喷雾干燥获得的血粉消化率最高，常规干燥获得的血粉消化率最低。此外，血粉的适口性差，日粮中用量过多时易引起腹泻。因此，一般血粉在猪饲粮中用量不超过 5％。在仔猪饲粮中加 1％～3％的血粉具有良好效果。喷雾干燥的血粉粗蛋白质含量为 68％左右，赖氨酸为 6.1％，且含有较多的免疫因子，在仔猪饲粮中添加 6％～8％，可代替脱脂奶粉，并可取得良好效果。

4. 水解羽毛粉特点及营养作用

水解羽毛粉是指家禽屠宰后的羽毛经适当处理加工而成的产品。

水解羽毛粉的粗蛋白质含量高达 85％以上，但主要为角蛋白，其氨基酸组成极不平衡，其中胱氨酸含量较高，而蛋氨酸、组氨酸、色氨酸和赖氨酸含量较低，因此，水解羽毛粉蛋白质品质差、营养价值低。优质的水解羽毛粉代谢能水平可达 2.410 兆焦/千克，磷含量高于钙，含硫量很高，可达 1.5％，是其他动、植物性饲料的三倍以上，脂肪含量一般在 4％以下。

由于水解羽毛粉蛋白质、氨基酸营养价值低，在饲料中过多使用将影响其他营养成分的消化吸收和动物的生产性能，因此一般在日粮中用量不超过5%。

饲料添加剂

按国际饲料分类原则，饲料添加剂是为促进营养物质的消化吸收、改善饲料品质、促进动物生长和繁殖、保障动物健康而掺入饲料中的少量或微量物质。矿物质、维生素及氨基酸不属于饲料添加剂范畴，但在我国的饲料分类中属饲料添加剂。

饲料添加剂是指为满足特殊需要而加入饲料中的少量或微量营养性或非营养性物质。饲料添加剂直接影响到饲料安全及食品安全，世界各国对饲料添加剂管理非常严格并有明确的法规概念。我国《饲料和饲料添加剂管理条例》所称饲料添加剂，是指在饲料加工、制作、使用过程中添加的少量

饲料添加剂
- 营养性饲料添加剂
  - 氨基酸类饲料添加剂
  - 维生素类饲料添加剂
  - 矿物质类饲料添加剂
- 非营养性饲料添加剂
  - 抗菌促生长类饲料添加剂
  - 驱虫保健类饲料添加剂
  - 中草药类饲料添加剂
  - 缓冲剂类饲料添加剂
  - 激素类及镇静类饲料添加剂
  - 酶制剂与活菌类饲料添加剂
  - 调味类饲料添加剂
  - 着色、乳化、黏结及吸附类饲料添加剂
  - 抗氧化、防霉保鲜类饲料添加剂
  - 流动剂与黏合剂

图1-1 饲料添加剂的分类

或者微量物质，包括营养性饲料添加剂和非营养性饲料添加剂。饲料添加剂的品种目录由国务院农业行政主管部门制定并公布。

按照我国饲料相关法规，饲料添加剂分为营养性饲料添加剂、非营养性饲料添加剂，见图1-1。

四、营养性饲料添加剂特点及营养作用

营养性饲料添加剂是用于补充饲料营养素不足的微量或少量物质，包括氨基酸、维生素、微量元素等。

（一）氨基酸类饲料添加剂特点及营养作用

氨基酸类饲料添加剂主要用于平衡日粮或饲粮氨基酸营养，进而起促进生长发育、提高饲料利用率、节省饲料等作用。氨基酸是组成蛋白质的单位，饲料中蛋白质消化分解成氨基酸后才能被机体吸收、利用。因此，满足动物对蛋白质的需要即是为了满足动物对氨基酸的需要。作为饲料添加剂使用的氨基酸都是必需氨基酸。

目前大量使用的氨基酸添加剂有赖氨酸、蛋氨酸、苏氨酸、色氨酸等，而我国饲料市场上常见的是前两种。饲料中添加适量氨基酸，可节省蛋白质，提高饲料利用率和动物的生产性能。

1. 赖氨酸

赖氨酸被称为第一限制性氨基酸，是配合饲料中最易缺乏的氨基酸，必须添加。饲料中的赖氨酸有两种：一是可被动物利用的有效赖氨酸；二是与其他物质结合而不易被利用的结合赖氨酸。为了发挥合成氨基酸的作用，在计算赖氨酸的添加量时，除了解饲料中赖氨酸的不足部分外，还应考虑饲料中有效赖氨酸的实际

含量。

生长阶段的猪、鸡对赖氨酸的需要量大，饲料中补充赖氨酸作用明显。育肥猪饲料中添加赖氨酸，还能改善肉的品质，提高瘦肉率。

饲料级 L-赖氨酸盐的行业标准规定，合格 L-赖氨酸盐外观呈白色或淡褐色粉末，无味或微有特殊气味，易溶于水，1∶10 水溶液的 pH 值为 5.0～6.0。商品 L-赖氨酸盐酸盐含量≥98.5％（干物质基础），含 L-赖氨酸≥78.0％；另外，还有 L-赖氨酸硫酸盐，含量≥65.0％（干物质基础），含 L-赖氨酸≥51.0％。当然不同国家、企业有各自的质量标准。

据研究报道，合理使用 1 吨赖氨酸可节省 125 吨饲料原料，多产 10～16 吨猪肉或 8 吨鸡肉或 25 万枚鸡蛋。

2. 蛋氨酸

蛋氨酸被称为第二限制性氨基酸，特别是当豆饼（粕）使用量大时极易缺乏。有研究显示，在配合饲料中添加 0.1％的蛋氨酸，可达到提高 2％～3％的蛋白质的饲养效果。

市场上的饲料级蛋氨酸添加剂有四类：一是 DL-蛋氨酸；二是 DL-蛋氨酸羟基类似物，又称液态蛋氨酸羟基类似物；三是 N-羟甲基蛋氨酸钙；四是甜菜碱及其盐酸盐。

蛋氨酸在饲粮中的添加量，原则上只需补足饲粮中蛋氨酸不足的部分。蛋氨酸和胱氨酸都是含硫氨基酸，当动物体内的胱氨酸不足时需蛋氨酸转化（反应不可逆），故也可通过补加饲粮中的胱氨酸来减少蛋氨酸的添加量。由于瘤胃微生物的作用，牛饲料中一般不必添加氨基酸，但对高产奶牛，可将氨基酸制成过瘤胃蛋白而将其包被应用。产蛋家禽及肉仔鸡极易缺乏蛋氨酸，需注意补充。除营养作用外，本品尚有促进肝内脂肪代谢及保肝、解毒（黄曲霉毒素等）等作用，用于脂肪肝、酒精及磺胺类药物中毒的防治，也用于贫血、啄癖等病。

3. 色氨酸

色氨酸也属于最易缺乏的限制性氨基酸，具有典型特有气味，为无色或微黄色晶体，溶于水、乙醇及氢氧化钠溶液，含氮量为13.7%。玉米、肉粉、肉骨粉中色氨酸含量很低，仅能满足猪需要量的60%～70%，但在豆粕中含量较高，因此在玉米-豆粕型日粮中，如豆粕不足则易引起色氨酸的不足。色氨酸在动物体内可转变为烟酸，但色氨酸可在多大程度上替代烟酸尚无定论。

4. 苏氨酸

苏氨酸含氮量为11.7%，为白色至浅褐色的结晶或结晶性粉末，味微甜，能溶于水，难溶于甲醇、乙醚和三氯甲烷，有旋光性。6周龄断奶仔猪日粮中苏氨酸水平达到0.66%～0.67%时，在无鱼粉、大豆饼（粕）的条件下，也能获得较好的生产效果。

（二）维生素类饲料添加剂特点及营养作用

虽然机体对维生素的需求量很少，但维生素对机体的作用却非常重要。饲料中添加维生素，除补充维生素满足机体营养需要外，还有促进畜禽生长发育、提高饲料利用率、改善种畜禽繁殖性能、增强抗应激能力、改善畜产品品质等作用。维生素一般以预混料的形式添加于配合饲料中。

在配合饲料中一般不考虑原料中所含的少量维生素，完全靠添加剂来满足动物对维生素的需要。当然农户小规模饲养配制饲料时，可以根据原料所含的维生素及其利用率而减少维生素添加剂的用量。

1. 主要维生素添加剂

主要维生素添加剂见表1-8。

表 1-8　主要维生素添加剂

通用名称	含量规格		在配合饲料或全混合日粮中的推荐添加量（以维生素计）	在配合饲料或全混合日粮中的最高限量（以维生素计）
	以化合物计	以维生素计		
维生素 A 乙酸酯	—	粉剂≥5.0×10^5 国际单位/克 油剂≥2.5×10^6 国际单位/克		仔猪 16000 国际单位/千克 育肥猪 6500 国际单位/千克
维生素 A 棕榈酸酯	—	粉剂≥2.5×10^5 国际单位/克 油剂≥1.7×10^6 国际单位/克	猪 1300～4000 国际单位/千克 肉鸡 2700～8000 国际单位/千克 蛋鸡 1500～4000 国际单位/千克 牛 2000～4000 国际单位/千克 羊 1500～2400 国际单位/千克 鱼类 1000～4000 国际单位/千克	妊娠母猪 12000 国际单位/千克 泌乳母猪 7000 国际单位/千克 犊牛 25000 国际单位/千克 育肥和泌乳牛 10000 国际单位/千克 奶牛 20000 国际单位/千克 14 日龄以前的蛋鸡和肉鸡 20000 国际单位/千克 14 日龄以后的蛋鸡和肉鸡 10000 国际单位/千克 28 日龄以前的肉用火鸡20000 国际单位/千克 28 日龄后的火鸡 10000 国际单位/千克
β-胡萝卜素	≥96.0%	—	奶牛 5～30 毫克/千克（以 β-胡萝卜素计）	—

通用名称	含量规格		在配合饲料或全混合日粮中的推荐添加量（以维生素计）	在配合饲料或全混合日粮中的最高限量（以维生素计）
	以化合物计	以维生素计		
盐酸硫胺（维生素 B_1）	98.5%～101.0%（以干基计）	87.8%～90.0%（以干基计）	猪 1～5 毫克/千克 家禽 1～5 毫克/千克	—
硝酸硫胺（维生素 B_1）	98.0%～101.0%（以干基计）	90.1%～92.8%（以干基计）	鱼类 5～20 毫克/千克	
核黄素（维生素 B_2）	—	98.0%～102.0% 96.0%～102.0% ≥80.0%（以干基计）	猪 2～8 毫克/千克 家禽 2～8 毫克/千克 鱼类 10～25 毫克/千克	—
盐酸吡哆醇（维生素 B_6）	98.0%～101.0%（以干基计）	80.7%～83.1%（以干基计）	猪 1～3 毫克/千克 家禽 3～5 毫克/千克 鱼类 3～50 毫克/千克	—
氰钴胺（维生素 B_{12}）	—	≥96.0%（以干基计）	猪 5～33 微克/千克 家禽 3～12 微克/千克 鱼类 10～20 微克/千克	—

通用名称	含量规格		在配合饲料或全混合日粮中的推荐添加量（以维生素计）	在配合饲料或全混合日粮中的最高限量（以维生素计）
	以化合物计	以维生素计		
L-抗坏血酸（维生素C）	—	99.0%～101.0%	猪 150～300 毫克/千克 家禽 50～200 毫克/千克	—
L-抗坏血酸钙	≥98.0%	≥80.5%	犊牛 125～500 毫克/千克	
L-抗坏血酸钠	≥98.0%	≥87.1%	罗非鱼、鲫鱼鱼苗 300 毫克/千克 鱼种 200 毫克/千克	
L-抗坏血酸-2-磷酸酯	—	≥35.0%	青鱼、虹鳟鱼、蛙类 100～150 毫克/千克	
L-抗坏血酸-6-棕榈酸酯	≥95.0%	≥40.3%	草鱼、鲤鱼 300～500 毫克/千克	
维生素 D₂	≥97.0%	4.0×10⁷ 国际单位/克	猪 150～500 国际单位/千克 牛 275～400 国际单位/千克 羊 150～500 国际单位/千克	猪 5000 国际单位/千克 （仔猪代乳料 10000 国际单位/千克）
维生素 D₃	—	油剂 ≥1.0×10⁶ 国际单位/克 粉剂 ≥5.0×10⁵ 国际单位/克	猪 150～500 国际单位/千克 鸡 400～2000 国际单位/千克 鸭 500～800 国际单位/千克 鹅 500～800 国际单位/千克 牛 275～450 国际单位/千克 羊 150～500 国际单位/千克 鱼类 500～2000 国际单位/千克	家禽 5000 国际单位/千克 牛 4000 国际单位/千克 （犊牛代乳料 10000 国际单位/千克） 羊、马 4000 国际单位/千克 鱼类 3000 国际单位/千克 其他动物 2000 国际单位/千克

通用名称	含量规格		在配合饲料或全混合日粮中的推荐添加量（以维生素计）	在配合饲料或全混合日粮中的最高限量（以维生素计）
	以化合物计	以维生素计		
DL-α-生育酚乙酸酯（维生素 E）	油剂≥92.0% 粉剂≥50.0%	油剂≥920 国际单位/克 粉剂≥500 国际单位/克	猪 10～100 国际单位/千克 鸡 10～30 国际单位/千克 鸭 20～50 国际单位/千克 鹅 20～50 国际单位/千克 牛 15～60 国际单位/千克 羊 10～40 国际单位/千克 鱼类 30～120 国际单位/千克	
亚硫酸氢钠甲萘醌	≥96.0% ≥98.0%	≥50.0% ≥51.0% （以甲萘醌计）	猪 0.5 毫克/千克 鸡 0.4～0.6 毫克/千克 鸭 0.5 毫克/千克	—
二甲基嘧啶醇亚硫酸甲萘醌	≥96.0%	≥44.0% （以甲萘醌计）		猪 10 毫克/千克 鸡 5 毫克/千克 （以甲萘醌计）
亚硫酸氢烟酰胺甲萘醌	≥96.0%	≥43.7% （以甲萘醌计）	水产动物 2～16 毫克/千克 （以甲萘醌计）	—
烟酸	—	99.0%～100.5% （以干基计）	仔猪 20～40 毫克/千克 生长育肥猪 20～30 毫克/千克 蛋雏鸡 30～40 毫克/千克 育成蛋鸡 10～15 毫克/千克 产蛋鸡 20～30 毫克/千克 肉仔鸡 30～40 毫克/千克 奶牛 50～60 毫克/千克 （精料补充料） 鱼虾类 20～200 毫克/千克	—
烟酰胺	—	≥99.0%		

通用名称	含量规格		在配合饲料或全混合日粮中的推荐添加量（以维生素计）	在配合饲料或全混合日粮中的最高限量（以维生素计）
	以化合物计	以维生素计		
D-泛酸钙	98.0%～101.0%（以干基计）	90.2%～92.9%（以干基计）	仔猪 10～15 毫克/千克 生长育肥猪10～15 毫克/千克 蛋雏鸡 10～15 毫克/千克 育成蛋鸡 10～15 毫克/千克 产蛋鸡 20～25 毫克/千克 肉仔鸡 20～25 毫克/千克 鱼类 20～50 毫克/千克	—
DL-泛酸钙	≥99.0%	≥45.5%	仔猪 20～30 毫克/千克 生长育肥猪20～30 毫克/千克 蛋雏鸡 20～30 毫克/千克 育成蛋鸡 20～30 毫克/千克 产蛋鸡 40～50 毫克/千克 肉仔鸡 40～50 毫克/千克 鱼类 40～100 毫克/千克	—

通用名称	含量规格		在配合饲料或全混合日粮中的推荐添加量（以维生素计）	在配合饲料或全混合日粮中的最高限量（以维生素计）
	以化合物计	以维生素计		
叶酸	—	95.0%～102.0%（以干基计）	仔猪 0.6～0.7 毫克/千克 生长育肥猪0.3～0.6毫克/千克 雏鸡 0.6～0.7 毫克/千克 育成蛋鸡0.3～0.6 毫克/千克 产蛋鸡 0.3～0.6 毫克/千克 肉仔鸡 0.6～0.7 毫克/千克 鱼类 1.0～2.0 毫克/千克	—
D-生物素	—	≥97.5%	猪 0.2～0.5 毫克/千克 蛋鸡 0.15～0.25 毫克/千克 肉鸡 0.2～0.3 毫克/千克 鱼类 0.05～0.15 毫克/千克	—
氯化胆碱	水剂≥70.0%或≥75.0% 粉剂≥50.0%或≥60.0%（粉剂以干基计）	水剂≥52.0%或≥55.0% 粉剂≥37.0%或≥44.0%（粉剂以干基计）	猪 200～1300 毫克/千克 鸡 450～1500 毫克/千克 鱼类 400～1200 毫克/千克	—

通用名称	含量规格		在配合饲料或全混合日粮中的推荐添加量（以维生素计）	在配合饲料或全混合日粮中的最高限量（以维生素计）
	以化合物计	以维生素计		
肌醇	—	≥97.0%（以干基计）	鲤科鱼 250～500 毫克/千克 鲑鱼、虹鳟鱼 300～400 毫克/千克 鳗鱼 500 毫克/千克 虾类 200～300 毫克/千克	
L-肉碱	—	97.0%～103.0%（以干基计）	猪 30～50 毫克/千克 （乳猪 300～500 毫克/千克） 家禽 50～60 毫克/千克 （1 周龄内雏鸡 150 毫克/千克）	猪 1000 毫克/千克 家禽 200 毫克/千克 鱼类 2500 毫克/千克
L-肉碱盐酸盐	97.0%～103.0%（以干基计）	79.0%～83.8%（以干基计）	鲤鱼 5～10 毫克/千克 虹鳟鱼 15～120 毫克/千克 鲑鱼 45～95 毫克/千克 其他鱼 5～100 毫克/千克	

注：饲料中维生素 D_3 不能与维生素 D_2 同时使用；氯化胆碱用于奶牛时，产品应作保护处理。

2. 主要维生素添加剂的营养作用

（1）维生素 A　维生素 A 的作用是促进视紫红质的形成、抗夜盲症、抗眼干燥、抗结石形成、促进动物的生长和上皮细胞的代谢、抗皮肤干燥和角化、增强机体对细菌的抵抗力。

（2）**维生素 D** 维生素 D 的作用主要是促进钙、磷吸收及代谢，抗佝偻病，促进骨髓的钙化，并有促生长的作用。

在户外放养的畜禽，由于能经常得到紫外线照射从而自身产生维生素 D_3，通常不会缺乏维生素 D；而集约化养殖的畜禽，则必须在饲料中添加维生素 D。

（3）**维生素 E** 维生素 E 又称生育酚、抗不育维生素等。它可防止机体内易氧化物（如不饱和脂肪酸）氧化，参与核酸、蛋白质、碳水化合物和脂肪的代谢，并保证一系列酶系统的正常活动。动物体内缺乏维生素 E 时，将表现出生殖机能障碍、精子减少、不孕、流产；另外，由于糖代谢受到影响，导致机体肌肉、神经系统失调，运动器官麻痹，动物生产性能下降。

（4）**维生素 K** 维生素 K 参与动物机体的多种代谢活动，如促进血液凝结、促进糖代谢物质及辅酶的合成。机体缺乏维生素 K 时，可导致内出血，常见家禽和兔的颈、胸、翼及脚部等皮下和肌肉间发生出血现象，此外还容易导致外伤的凝血时间长或出血不止。

（5）**维生素 B_1** 维生素 B_1 又称硫胺素，属水溶性维生素，作为辅酶参与机体碳水化合物的代谢。动物在缺乏维生素 B_1 时，出现多发性神经炎症状，运动失调，雏鸡表现出头向后仰的症状；消化道机能失常，食欲降低，甚至呕吐、下泻；心脏系统遭受损伤，心脏肥大并渗入大量液体，或心肌坏死，严重时脉频加速，心脏极度衰弱而死亡。

各类饲料中以糠麸中维生素 B_1 最丰富，谷实类饲料也含较多的维生素 B_1，人工也可合成。

（6）**维生素 B_2** 维生素 B_2 的化学名称为核黄素，它作为机体生物氧化中两个重要辅酶的成分，参与碳水化合物、蛋白质等的代谢，促进饲料中能量的释放和营养物质的同化。

猪、鸡和幼龄反刍动物常出现维生素 B_2 缺乏症，其主要表现为：生长停滞，生长所需的能量和蛋白质合成受阻；神经系统受损害，雏鸡出现爪向掌内侧弯曲的典型症状；皮肤及附属器官受损，出现皮肤炎，眼分泌物增多，白内障，被毛脱落；食欲不振，呕吐、下泻；种畜的繁殖性能下降，种蛋的孵化率降低。

维生素 B_2 在青绿饲料或动物性饲料中含量丰富，而在其他植物性饲料中较为缺乏。

（7）泛酸 泛酸又称遍多酸或维生素 B_3，是机体中辅酶的主要成分，参与许多重要代谢过程，如碳水化合物和脂肪代谢。因此在缺乏泛酸时，常出现许多病症：消化系统损害，表现为肠胃炎，食欲不佳；神经系统损害，病猪表现出典型的鹅行步伐；皮肤受损害，表现为皮肤炎、脱毛、嘴角溃烂；中度红细胞型贫血。

谷实类饲料如饼粕、糠麸及动物性饲料中泛酸的含量较丰富。在一般饲料供应下，动物不致发生泛酸缺乏症。

（8）烟酸 烟酸又称尼克酸、维生素 PP 或维生素 B_5 等。它也是机体内辅酶的重要成分。因此机体内代谢旺盛的器官（如肝脏）中辅酶含量很高。

动物缺乏烟酸时表现的病症为：幼龄动物生长停滞，成年动物体重下降；消化道上皮组织与机能损害，整个消化道发生炎症，经常下泻，粪中带血；被毛粗糙、稀疏或脱落。

谷实类饲料和动物性饲料中烟酸含量很丰富，但谷实类饲料中的烟酸有很大一部分是以结合形式存在的，猪、鸡利用率较低。

（9）维生素 B_6 维生素 B_6 又称吡哆醇，是氨基酸脱羟酶、氧化酶等的辅酶成分，参与机体氨基酸的代谢。缺乏维生素 B_6 时动物将产生缺乏症：贫血症，表现为红细胞变小，数量减少，血红蛋白浓度降低；神经系统损害，猪表现为运动失调，严重时发生癫痫性痉挛，生长停滞；蛋白质存留率降低；鸡的产蛋率及孵化率下降。

以谷实类和饼粕类饲料中维生素 B_6 含量较高。饲料中添加的维生素 B_6 产品主要为吡哆醇的盐酸盐。

（10）维生素 B_{12} 维生素 B_{12} 是一种含钴的维生素，又称钴胺素或氰钴胺。它对机体中核酸的合成、含硫氨基酸代谢、脂肪和碳水化合物代谢都起着重要作用。

动物体缺乏维生素 B_{12} 时将产生下列症状：猪易受刺激、皮肤发炎、四肢行动失调及贫血症；鸡则生长受阻、种蛋孵化率降低；反刍动物则表现出与缺钴相同的症状，如贫血、昏睡、虚弱及血沉加快。

动物性饲料，如鱼粉、肉骨粉等中维生素 B_{12} 含量丰富，而植物性饲料中则含量很少。饲料中添加的维生素 B_{12} 产品多为氰钴胺纯粉。

（11）维生素 C 维生素 C 又称抗坏血酸，它参与细胞间质的生成，维持细胞内的还原状态和细胞膜的功能，并能促进铁的吸收，起到抗贫血作用。

当动物缺乏维生素 C 时，可引起贫血、生长阻碍、新陈代谢障碍和抗病力下降。但畜禽体内可自行合成维生素 C，因此通常不易缺乏，但鱼类饲粮中必须添加。青绿多汁饲料中维生素 C 的含量丰富，而谷实类饲料含量较少。

（三）常见的矿物质类饲料添加剂特点及营养作用

目前发现的上百种矿物质元素中，有 26 种被认为是动物在生活或生长过程中所必需的。

矿物质元素是动物组织的重要组成成分，参与体液调节，维持肌肉、神经的正常兴奋性，参与机体的重要代谢活动。在配合饲料时常以无机矿物盐、有机矿物盐和氨基酸矿物盐的形式添加，以保证矿物质元素的供应。

常见的矿物质类饲料添加剂主要有以下几种：

（1）钙源 钙是组成骨骼和牙齿的主要成分，而且参与凝血作用，控制神经与肌肉的正常兴奋性。钙缺乏时，幼龄动物易患佝偻病，成年动物易患骨质疏松症，严重缺乏时将产生钙痉挛，高产奶牛常发生产后麻痹综合征。

（2）磷源 磷也是组成动物骨骼与牙齿的主要成分之一，还是细胞膜和磷脂的组成物质，参与脂类的运输和代谢。此外，磷还参与核酸和生物活性物质的组成，在能量代谢、信号识别和遗传活动中起重要作用。当磷缺乏时，动物也产生骨骼病变，如佝偻病或骨质疏松症，出现异食癖；磷过量时，易继发营养性甲状旁腺机能亢进，造成钙排泄过多。

(3) **铁源**　铁存在于机体的血液、肝、脾和骨髓中，参与动物的呼吸运动和细胞内生物氧化。铁缺乏时易发生贫血，伴有呼吸困难，被毛粗糙，食欲不振，生长速度下降；铁过量可发生中毒。

(4) **锌源**　锌广泛分布于动物体各组织中，以前列腺和眼睛中浓度最高，其次为肝脏、胰腺、骨骼和毛发。锌作为胰岛素的成分，参与调节机体糖、蛋白质和脂肪的代谢。此外，锌还是多种酶的成分，参与机体多种生命活动。缺锌时，最明显的症状是食欲不振、生长受阻、表皮角质化，猪表现为糙皮病，绵羊的羊角和羊皮易脱落，家禽的羽毛发育异常，种蛋孵化率降低，雏鸡成活率降低。

(5) **铜源**　铜多存在于肌肉、肝脏、毛发等组织中，具有运输血红蛋白的功能。动物缺铜时影响造血，降低铁的吸收和利用效率，表现为骨骼异常，生长受阻。羔羊表现出典型的摇背病，运动失调；绵羊羊毛生长不良、稀疏、脱毛，产生硬毛症；家禽的产蛋量下降，种蛋孵化率降低。铜过量会产生中毒症、黄疸致肝损伤、出血死亡。

(6) **锰源**　锰分布于机体所有组织，以骨骼中含量最高。它参与硫酸软骨素的形成，在碳水化合物、脂肪和蛋白质的代谢中起重要作用。动物缺锰时骨骼发育异常，骨质松脆；影响机体的繁殖性能，妊娠母畜易流产，公畜精子异常，犊牛关节肿大；家禽发生典型的滑腱症，种禽的产蛋率、孵化率皆下降。

(7) **硒源**　硒在机体中的分布遍布全身，以肝脏、肾脏和肌肉中含量最高。硒能分解过氧化物，保护细胞膜的完整性。此外，硒还是多种酶的成分，能促进维生素 E 的吸收和储存。动物缺硒时，羔羊和犊牛出现营养性肌肉萎缩，步伐僵直，行走和站立困难；猪肝脏和胰腺受损，纤维质化；家禽出现渗出性素质病，胸、腹部皮下有蓝绿色体液聚集，皮下脂肪变黄，心包积水。当日粮中硒含量超过 5 克/吨时就可使畜禽中毒。

五、非营养性饲料添加剂特点及作用

非营养性饲料添加剂是指那些为保证或改善饲料品质，促进动物生产，保障动物健康，提高饲料利用率而掺入饲料中的少量和微量物质。它们的种类非常多，以下仅介绍几种常见的非营养性饲料添加剂。

（一）促生长剂特点及作用

1. 酶制剂

为促进饲料中营养物质的消化而在饲料中添加的酶性质的制品称为酶制剂。

酶制剂的作用：酶制剂中所含的酶与动物消化道分泌的酶功能相同，能最大限度地弥补幼龄畜禽消化酶的不足，增强幼龄畜禽对营养物质的吸收；提高饲料原料的利用率和饲料的消化率，促进营养物质的消化和吸收；减少动物体内矿物质的排泄量，从而减轻对环境的污染。

我国允许使用的酶制剂产品已达 20 多个品种，比较重要的有木聚糖酶、β-葡聚糖酶、α-淀粉酶、蛋白酶、纤维素酶、脂肪酶、果胶酶、混合酶和植酸酶。

木聚糖酶和 β-葡聚糖酶是最主要的两种酶制剂，其中木聚糖酶主要添加于以小麦为主的饲料中。α-淀粉酶和蛋白酶是应用最广的中性蛋白酶，这两种酶制剂常添加于幼龄动物饲料中。纤维素酶主要用于以大麦、小麦为主的饲料中。而混合酶是将淀粉酶、蛋白酶和脂肪酶按效价配合而成的混合酶制剂，其使用越来越少。猪、鸡对植酸磷的利用率仅为 $10\% \sim 20\%$，植酸酶可促进其对饲料中植酸磷的利用。

2. 益生素及微生物生长促进剂（微生态制剂）

益生素及微生物生长促进剂是通过改善小肠微生物平衡而产生有利于宿主动物的活的微生物饲料添加剂。益生素是投饲给动物的活的培养物，其作用主要是通过改善肠道微生物群的屏障功能或通过刺激非特异性免疫系统来防治疾病感染；而微生物生长促进剂是添加到饲料中的活的微生物培养物或酶系，其主要作用是提高饲料转化率和生长速度。

配合饲料中使用的活性微生物制剂主要有乳酸菌、粪链球菌、芽孢杆菌、酵母菌等。使用微生态制剂时应注意以下几点：选择合适的微生态制剂；正确掌握使用剂量；正确掌握使用时间并选择适宜动物。

3. 饲料酸化剂

饲料酸化剂是主要用于幼畜日粮以调整其消化道内 pH 值的一类添加剂，其作用为弥补幼畜胃液分泌不足，降低胃内 pH 值，并有助于饲料的软化、养分的溶解和水解，还能阻止病原微生物进入动物体内，从而改善饲料消化率，减少幼畜腹泻，提高生产性能。

饲料酸化剂包括有机酸化、无机酸化剂和复合酸化剂三种。常用的有机酸化剂主要有柠檬酸、延胡索酸、乳酸、丙酸、苹果酸、戊酮酸、山梨酸、甲酸（蚁酸）、乙酸（醋酸）等；无机酸化剂包括盐酸、硫酸、磷酸等，其中磷酸还可作饲料中磷的来源；复合酸化剂是利用几种有机酸和无机酸复合而成的，能迅速降低 pH 值，保持良好的缓冲值和生物性能，具有用量少、成本低等优点。

4. 其他新型添加剂

（1）糖萜素　糖萜素是由糖基、配糖体和有机酸组成的天然生物活性物质，具有提高动物机体神经内分泌免疫功能和抗病、抗应激作用，有消除自由基的抗氧化功能、促进蛋白质合成和消化酶活性的功能。通过许多试验发现，糖萜素应用效果不但优于或相当于抗生素，而且比抗生素成本低，使经济效益提高，另外还可以明显改善肉质。纯天然糖萜素无毒副作用、无污染，用其替代抗生素生产绿色食品，前景十分广阔。

（2）牛至香酚　又叫牛至油，是从植物牛至中提取的黄红色或棕红色挥发精油，具有百里香所有的辛辣芳香气味。牛至香酚是我国农业农村部批准使用的饲料药物添加剂之一，是具有安全、高效、绿色、无配伍禁忌的纯天然活性成分比较高的中药添加剂，具有很强的杀菌、抑菌及抗氧化作用，对防治畜禽消化道细菌性疾病（大肠杆菌病、沙门菌病和金黄色葡萄球菌病）最为有效，也可预防球虫病，是最具有广谱抗菌作用的纯正中药药物添加剂。

（3）寡糖　又叫寡聚糖或低聚糖，是一种介于单体单糖与高度聚合的多糖之间，通过糖苷键连接的小聚合体，性质稳定，低热量，安全无毒，具有类似于益生素的作用。另外，寡糖还具有调整肠道菌群平衡和提高机体免疫力等保健功能和促生长作用。

（4）半胱胺　又名 2-巯基乙胺、巯基乙胺，相当于半胱氨酸脱羧产物，是辅酶 A 分子的组成部分。其因含有巯基和氨基而有多种作用，是促进动物生长的较理想物质。

（二）饲料保藏剂的特点及作用

1. 防腐防霉剂

饲料中含有大量的微生物，在高温、高湿条件下，这些微生物易于繁殖而使饲料发生霉变。霉变的饲料不但影响饲料的适口性，减少采食量，降低饲料的营养价值，而且霉菌分泌的毒素还会引起畜禽，尤其是幼畜和幼禽的腹泻、呕吐、生长停滞，甚至死亡。因此，对于水分含量高的饲料或贮存于高温、高湿条件下的饲料，均宜使用防腐防霉剂。在制作青贮饲料时，为防止饲料霉变和腐败，也向其中加入防腐防霉剂。

商品型的防腐防霉剂有：丙酸及丙酸盐、山梨酸及山梨酸钾、苯甲酸及苯甲酸钠、柠檬酸及柠檬酸钠、甲酸及甲酸盐类、乳酸及乳酸盐类。另外，防腐防霉剂还包括对羟基苯甲酸酯类、富马酸及富马酸二甲酯等。

2. 抗氧化剂

（1）乙氧基喹啉　黄褐色或褐色黏性液体，稍有异味，极易溶于丙酮、氯仿等有机溶剂，而几乎不溶于水，遇空气或受光线照射便慢慢氧化变色。世界各国普遍将乙氧基喹啉用作动物性油脂、苜蓿、鱼粉或配合饲料的抗氧化剂。

（2）二丁基羟基甲苯　无色或白色的结晶或粉末，无味或稍有气味，易溶于植物油、酒精或有机溶剂，几乎不溶于水和丙二醇。美国、日本从 1956 年才开始承认它为食品添加剂。

（3）丁羟基茴香醚　无色或带黄褐色的结晶，或白色结晶粉末，无味，易溶于猪油和植物油中，极易溶于丙二醇、丙酮和乙醇中，但几乎不溶于水。可作为食用油脂、黄油、人造黄油和维生素A 等的抗氧化剂，目前在饲料中使用不多。

当前，通常是把多种防腐防霉剂按一定比例混合使用，以提高防腐防霉效果。还可以将防腐防霉剂和抗氧化剂组合使用，使防腐防霉作用更加完善。

（三）饲料品质改良剂的特点及作用

1. 饲用香料剂

饲用香料剂是为增进动物食欲，掩盖饲料组分中的某些"不愉快"气味，增加动物喜爱的气味而在饲料中加入的香料或调味诱食剂。饲用香料剂有两种来源：一种是天然香料，如葱油、大蒜油、橄榄油、茴香油、橙皮油等；另一种是化学合成的可用于配制香料的物质，如酯类、醚类、酮类、芳香族醇类、内酯类、酚类等。饲料的口感又称风味，所以调味剂又叫风味剂，包括鲜味剂、甜味剂、酸味剂、辣味剂等，不同动物所喜欢的香型不同，生产中有针对不同动物的风味剂产品，主要有鸡的饲用香料剂、猪的饲用香料剂、牛的饲用香料剂和其他饲用香料剂，欧美各国多在钓饵内使用大茴香丝的香料，日本也在试用。

2. 着色剂

着色剂是为改善动物产品的外观颜色和提高商业价值加入饲料的色素制剂，多用于蛋鸡和肉鸡饲料中，用以增加蛋黄和肉鸡皮肤的颜色。我国食品添加剂已批准使用的着色剂有苋菜红、胭脂红、柠檬黄、日落黄等，可借用于饲料添加剂。此外，食用色素、类胡萝卜素、叶黄素等均可作为饲用着色剂。目前世界上应用最广泛的饲用着色剂是类胡萝卜素。禽的饲料色素主要来源于玉米、苜蓿和草粉，其中所含的类胡萝卜素主要为黄-橙色的叶黄素和玉米黄质。

（四）饲料加工辅剂的特点及作用

1. 流散剂（抗结块剂）

流散剂主要作用是使饲料和添加剂保持较好的流动性，以利于在自动控制的饲料加工中的混合及输送操作。食盐、尿素、含结晶水的硫酸盐等最易吸潮和结块，使用流散剂可以调整这些性状，使它们容易流动、散开、不黏着，提高了泻注性，改善了饲料混合均匀度。

常用的流散剂有天然的和合成的硅酸化合物及硬脂酸盐类，如硬脂酸钾、硬脂酸钠、硬脂酸钙、二氧化硅、硅藻土、硅酸镁、硅酸钙、硅酸铝钠和块滑石等。

2. 黏结剂

黏结剂又称制粒剂、黏合剂，用于颗粒饲料和饵料的制作，目的是减少粉尘损失，提高颗粒料的牢固程度，减少造粒过程中压模损失，是加工工艺上常用的添加剂。特别是对添加油脂不易造粒的饲料，更要使用黏结剂。常用的黏结剂有膨润土、高岭土、木质素磺酸盐、羧甲基纤维素及其钠盐、聚丙烯酸钠、海棠酸钠、聚甲基脲、酪朊酸钠、α-淀粉、糖蜜及水解皮革蛋白粉等，其中后 3 种本身还具有营养作用。

3. 乳化剂

乳化剂是一种分子中具有亲水基和亲油基的物质，它的性状介于油和水之间，能使一方均匀分布于另一方中间，从而形成稳定的乳浊液。利用乳化剂的这一特性可改善或稳定饲料的物理性状。常用的乳化剂有动植物胶类、脂肪酸、大豆磷脂、丙二醇、木质素磺酸盐、单硬脂酸甘油酯等。

4. 缓冲剂

缓冲剂可以增加机体的碱储备，防治代谢性酸中毒，中和胃酸、溶解黏液、促进消化，应用于反刍动物饲粮可调整瘤胃 pH，平衡电解质，增加产乳量和提高乳脂率，对产蛋鸡也可防止因热应激引起的蛋壳质量下降。普遍使用的缓冲剂是碳酸氢钠、石灰石、膨土岩、氢氧化钠及氢氧化钙的混合物，或是氧化钙和膨土岩等的混合物，但目前最安全的缓冲剂是碳酸氢钠。

（五）其他饲料添加剂

1. 除臭剂

为防止畜禽排泄物的臭味污染环境，可在饲料中添加除臭剂。其主要是一些吸附性强的多孔矿石粉，如细沸石粉、凹凸棒粉、煤灰等。

2. 脲酶抑制剂

脲酶抑制剂是一类能够控制瘤胃微生物脲酶的活性，从而控制瘤胃中氨的释放速度，达到提高尿素等利用率的添加剂。脲酶抑制剂主要有有机酸脲酶抑制剂、磷酸钠、氧肟酸盐。

六、药物添加剂

（一）抑菌促生长类

1. 抗生素

抗生素又称抗菌素，是微生物生命活动的产物。它除用于防病治病以外，也可以作为生长的刺激剂使用，特别是在卫生条件和管理条件不良的情况下，效果更好。

（1）抗菌作用机制　①干扰细菌细胞壁的合成；②损伤细菌胞浆膜；③影响细菌细胞内的蛋白质合成；④改变细胞核的代谢。

（2）促生长作用机制　①抑制病原微生物生长；②防止肠壁增厚，增加肠道的有效吸收面积；③抑制肠道细菌产生抗生长毒素；④降低肠道微生物对必需营养素的破坏作用，或促进非致病菌群对营养物的合成；⑤改善动物机体的代谢。

（3）用作饲料添加剂的抗生素应具备的条件　①能经济有效地改善畜禽的生产性能；②不用或极少用作人医或兽医的临床治疗；③不引起微生物的耐药性或产生可转移的耐药性；④不经或很少经肠道吸收，不干扰肠道正常菌群的微生态平衡；⑤对人畜无害、无诱变作用或致癌作用；⑥不污染环境。

（4）抗生素类饲料添加剂按化学结构分类

① 四环素类　常用的有金霉素、土霉素、四环素和强力霉素，它们都能产生耐药性，前三种有交叉耐药性。

② 大环内酯类　为动物专用抗生素，主要包括红霉素、泰乐菌素、北里霉素、竹桃霉素和螺旋霉素，应用广泛。其中以泰乐菌素应用最广。

③ 多肽类　不易产生耐药性，不易与人用抗生素产生交叉耐药性，主要包括黏杆菌素、杆菌肽锌、阿伏霉素、维吉尼亚霉素、持久霉素和硫肽霉素。

④ 磷酸化多糖类　为含磷脂多糖的一类抗生素，有黄磷脂菌素（黄霉素）等。

⑤ 氨基糖苷类　包括链霉素、卡那霉素、新霉素、春雷霉素、潮霉素 B 和越霉素 A 等。其中仅有链霉素、潮霉素 B、越霉素 A 用作饲料添加剂，但链霉素易产生耐药性，又与双氢链霉素有完全的交叉耐药性，与新霉素、庆大霉素、卡那霉素有部分交叉耐药

性。越霉素 A 和潮霉素 B 为动物专用抗生素，不与人用抗生素产生交叉耐药性，对动物无副作用。不在肠道吸收，在肉中无残留，不改变或提高饲料适口性，没有驱虫时的应激反应。二者与其他抗生素联用，有相互促进作用。

⑥ 聚醚类　可预防球虫病，有拉沙里霉素、莫能霉素钠（瘤胃素）、盐霉素钠等。

⑦ 青霉素类　包括天然青霉素和半合成青霉素，天然青霉素一般不产生耐药性。我国禁止在饲料中使用青霉素。

⑧ 其他　氯霉素、林肯霉素等。

2. 化学合成抗菌剂

化学合成抗菌剂包括磺胺类、硝基呋喃类和咪唑类。过去这类药物使用较多，但随着研究的深入，发现这类药物的副作用较大，长期添加于饲料中，磺胺类药物会造成尿路障碍，损伤肾脏功能；硝基呋喃类有致畸形和致突变作用。

（二）驱虫保健剂

1. 抗蠕虫剂

抗蠕虫剂主要有吩噻嗪、哌嗪及其衍生物，苯丙咪唑类化合物，咪唑丙噻唑类，四氯嘧啶类，有机磷化合物（敌敌畏、敌百虫）及抗生素类（潮霉素 B 和越霉素 A 等）等，这些药物均能掺入饲料口服，或经过饮水途径投药，用以预防畜禽遭受寄生虫感染与侵袭，达到促进动物生长、提高饲料效率的目的。我国批准使用的这类添加剂只有越霉素 A。

2. 抗球虫剂

抗球虫剂的种类很多，但通常使用一段时间后效果下降，这是因为球虫可以产生耐药性，并且其耐药性可以遗传。各种抗球虫剂使虫体产生耐药性的速度不同，因而实践中将几种抗球虫药物轮换使用，以保证使用效果。

（三）代谢调节剂

1. 激素类饲料添加剂

在畜禽体内存在一系列促进生长的激素，主要有胰岛素、生长激素、甲状腺素、类固醇类激素、雌激素、雄激素和各种多肽化合物等，统称生长因子，这些激素能明显改善畜禽的生长速度和饲料转化率，但需正确使用。例如 PST 是猪脑下垂体前叶分泌的一种蛋白质激素，一方面，它通过促进肝脏内一些小肽的合成，增加骨骼和肌肉细胞的代谢速度，促进猪的生长；另一方面，它还能改变饲料营养物质在猪体内的分配，增加机体蛋白质的合成，降低脂肪的沉积，从而提高猪的瘦肉率。

在许多国家以法律形式禁止使用激素。常见的激素类饲料添加剂有生长激素，性激素（雌二醇、己烯雌酚、丙酸睾酮等），甲状腺素、类甲状腺素和抗甲状腺素，蛋白同化激素四类。

与抗生素一样，激素类饲料添加剂更应该慎重使用。

2. 催肥类饲料添加剂

此类添加剂是指人们在动物自然生长的基础上，通过物理或化学方法让饲料中的能量物质更多地在动物体内积累，促使动物肥育，包括激素、类激素物质、运动抑制剂类（如利血平、阿司匹林、氯丙嗪等镇静剂）和同化增强剂类（如蛋白同化类、甲烷抑制剂、合成洗涤剂类等）。

（四）中草药饲料添加剂

中草药来源于天然的动植物或矿物质，本身含有丰富的维生素、蛋白质和矿物质，在饲料中添加除可以补充营养外，还有促进生长、增强动物体质、提高抗病力的作用。中草药是天然药物，与抗生素或化学合成药物相比，具有毒性低、无残留、副作用小并对人类医学用药不影响的优越性。目前，中草药添加剂还未形成大面积推广产品，也没有成熟的国家标准，并且还存在以下三个方面的问题：一是缺乏适宜的方法控制质量；二是中草药的药效不稳定；三是中草药中的野生植物来源有限，限制了中草药的大量使用。

近年来，兽药和高污染型饲料添加剂使用过量、残留、"三致"及耐药性问题已引起了人们的广泛关注，因而，酶制剂、微生态制剂和中草药饲料添加剂的研制与应用得到了长足的发展，这三类添加剂被人们称为"绿色饲料添加剂"，前景广阔。

第二章　伪劣饲料的危害

饲料是动物的"粮食"，也是人类的间接食品。饲料的质量和安全直接关系到肉、蛋、奶、鱼等动物产品的高效生产和安全卫生。因此，伪劣饲料不仅危害畜禽健康，还影响养殖业的经济效益和畜产品的品质。

一、伪劣饲料与肉类品质

伪劣饲料对肉品中的脂肪含量与品质、肉质风味会产生一定的影响。

1. 伪劣饲料对肉品中脂肪含量的影响

饲料中的脂肪、蛋白质、碳水化合物这三大有机物均可转化为体脂肪，除此之外，日粮的蛋白能量比也与体脂肪的含量有关。蛋白能量比是指饲料中的粗蛋白质（克/千克）与代谢能（兆焦/千克）的比值。当饲料的有效能值过高时，部分能量就会以脂肪的形式转入体组织，使肉的脂肪含量升高。研究表明：在不同蛋白能量比下测得的猪背膘厚度，膘厚以高能低蛋白日粮最高（19.0毫米），其次为低能低蛋白日粮（17.5毫米），高能高蛋白日粮居中（16.5毫米），最低者为低能高蛋白日粮（15.0毫米），而肉质最差、育肥期较长的是高能低蛋白日粮。

2. 伪劣饲料对肉品中脂肪品质的影响

脂肪品质一般从脂肪硬度和脂肪颜色两方面考虑。

（1）脂肪硬度　饲料中脂肪组成对畜禽体脂硬度的影响因动物

种类不同而异。当反刍动物食入不饱和脂肪酸含量较高的饲料时，其中的不饱和脂肪酸在瘤胃微生物的作用下，氢化成饱和脂肪酸，再经小肠消化吸收沉积为体脂肪，所以饲料脂肪性质对反刍动物体脂硬度几乎没有影响。而当单胃动物食入不饱和脂肪酸含量较高的饲料时，其中的不饱和脂肪酸不经氢化即被吸收，因此其体脂硬度与饲料脂肪性质直接相关。试验表明，育肥猪特别是育肥后期猪食入大量富含不饱和脂肪酸的饲料（如米糠、大豆、豆饼豆粕、鱼粉、蚕蛹等），均可使猪体脂变软、熔点降低；反之，用含不饱和脂肪酸较低的饲料（如大麦、小麦、甘薯、马铃薯等），则可获得白色硬脂胴体。据报道，日本猪黄脂病发生率较高是因所用饲料含不饱和脂肪酸较高且发生氧化酸败所致。

除此之外，高铜也可使猪体脂变软、胴体品质下降。当饲料中维生素严重缺乏时，也会降低体脂品质，使肉猪产生黄色脂肪。

（2）脂肪颜色 由饲料中天然色素沉着造成的"黄脂"猪肉对人一般无害，若是因肝胆疾病引起的"黄疸"猪肉则不可食。虽然"黄脂"猪肉对人体无害，但常因色泽异常，易与"黄疸"猪肉混淆。因此，在配制育肥猪日粮时，应尽量减少富含天然色素和不饱和脂肪酸的饲料，以防产出"黄疸"猪肉，造成不必要的经济损失。然而人们对鸡胴体颜色的要求与猪不同，皮肤、皮脂呈黄色者深受消费者欢迎。为此，不少国家的养鸡场为了迎合市场对产品外观的要求，人为地饲喂一些叶黄素含量高的饲料（如黄玉米、苜蓿草粉、玉米面筋粉等）或添加着色剂（如胡萝卜素、辣椒红、斑蝥黄和隐黄素等），使鸡胴体变黄。

二、伪劣饲料与蛋类品质

除受遗传、环境和禽体健康状况等因素影响外，饲料品质也是影响禽蛋成分、蛋壳质量、蛋黄颜色和风味的主要因素。

1. 伪劣饲料对蛋的成分的影响

蛋的成分主要包括蛋白质、脂肪、矿物质、维生素和水分等，这些成分在正常情况下一般很少受到饲料品质的影响，但在异常情况或一定范围内，蛋黄脂肪品质和一些微量成分却受饲料品质的影响比较明显。

（1）**蛋黄脂肪品质**　将近半数的蛋黄脂肪是在卵黄发育过程中摄取由肝脏而来的血脂形成的，可见蛋黄脂肪的质量主要受日粮脂肪的影响。但某些特殊饲料成分可给蛋黄带来不良影响，有些饲料成分还可使禽蛋产生特殊功能。如当硬脂酸进入蛋黄后，可使禽蛋产生不适气味；而特殊设计的一些饲料，如将 ω-3 多不饱和脂肪酸富集于蛋黄类脂中，则可使蛋鸡生产出"功能蛋"。

（2）**维生素**　生产实践表明，种鸡饲料若缺乏维生素 A、维生素 D、维生素 B_2、维生素 B_6、维生素 B_{12}、泛酸等，可导致种蛋孵化率下降。据报道，种蛋胚胎在 12 天左右萎缩、死亡，多因母鸡饲料中缺乏维生素 B_2；胚胎在孵化最后 2～3 天内死亡，多因缺乏泛酸。此外，维生素 C 对种蛋孵化率、受精率和种禽抗应激能力也有良好的作用。

（3）**矿物质**　饲料中的铁、铜、锰、锌、碘、硒等对蛋中相应的元素含量也有较大的影响。矿物质元素添加过量容易引起畜禽中毒，下面将各种动物对主要微量元素的需要量和中毒量列表如下，以供参考（表 2-1～表 2-3）。

表 2-1　家禽对微量元素的需要量和中毒量　　单位：毫克/千克

元素	需要量	最大安全量	中毒量	致死量
铁	40～80	1000	1000～6000	—
锌	50～60	1000	1200～3000	3000 以上
锰	40～60	1000	1000～4800	—
铜	4～5	300	300 以上	—
钴	—	20	200	—
碘	0.3～0.4	300	312～615	—
硒	0.1～0.2	4	5	—
钼	<1	100	200～500	500 以上

元素	需要量	最大安全量	中毒量	致死量
钒	—	—	30	200
银	—	—	200～900	—
铝	—	—	500～2200	—
钡	—	—	200	2000
砷	—	—	400	—
铅	—	—	1000	—
镉	—	—	20～100	—
汞	—	—	400	—

表 2-2　猪对微量元素的需要量和中毒量　　　单位：毫克/千克

元素	需要量	最大安全量	中毒量	致死量
铁	50～120	3000	5000	—
锌	50～80	1000	1000～2000	4000～8000
锰	30～50	400	500～4000	—
铜	10～15	250	250～500	—
钴	0.1	50	400	—
碘	0.1～0.2	400	400～800	—
硒	0.1～0.2	4	5～15	15 以上
钼	<1	<20	20	—
氟	—	—	100	—
砷	—	—	990	—
铅	—	—	660	—
镉	—	—	50～450	—

表 2-3　牛对微量元素的需要量和中毒量　　　　　单位：毫克/千克

元素	需要量	最大安全量	中毒量	致死量
铁	40～60	1000	1000 以上	—
锌	50～100	400	900～1700	1700 以上
锰	40～100	100	2460～4920	—
铜	5～15	100	100 以上	—
钴	0.1～0.2	30	30 以上	—
碘	0.2～0.5	30	50～200	—
硒	0.1～0.2	3	3～5	—
钼	0.5～1	6	50～100	—
氟	—		500～1000	

分析比较上述数据之间的差距可见，中毒量约相当于需要量的几十倍。大多数元素的安全系数较大，一般不会发生中毒现象，只有硒、铜用量少、毒性大、安全系数有限，使用时必须加倍小心，以保安全。另外，注意协调各种元素之间的平衡关系也是确保安全的措施之一。

2. 伪劣饲料对蛋重、蛋壳的影响

（1）**蛋重**　日粮中的蛋白质含量与品质是影响蛋重的重要因素之一。一般日粮中的蛋白质含量低、品质差，则蛋重轻；若补充动物性蛋白质，蛋重就增大。日粮养分平衡时，蛋重较大；反之较小。

（2）**蛋壳品质**　在集约化养鸡业中，蛋壳品质的优劣常常为经营者所关注。饲料中的钙、磷、锰、镁、电解质和维生素 D_3、维生素 C 等均影响蛋壳的硬度。如果饲料中钙磷比例不适宜，或者磷为植酸磷，则软皮蛋、糙蛋、破蛋的比例增加；而且高钙影响磷、锰、锌等元素的吸收，蛋鸡的产蛋量下降、蛋壳变薄，蛋壳有白垩状沉积，两端粗糙，这又常常成为诱发母鸡脱毛的原因之一。维生素 D_3 可促进钙、磷的吸收；维生素 C 可促进骨中矿物质代谢，增加血浆钙的浓度。

3. 伪劣饲料对蛋黄、蛋清颜色的影响

（1）蛋黄颜色　蛋黄颜色直接受饲料中叶黄素含量的影响。喂叶黄素含量高的黄玉米或青绿饲料，3～5 天后蛋黄颜色发生变化，14 天后颜色加深。如果喂白玉米或高粱、大麦、豆饼、鱼粉、麦麸等叶黄素含量很少的饲料，蛋黄颜色变浅。但若在上述饲料中添加 10% 左右的虾、蟹壳粉或 5% 的苜蓿草粉，则可使蛋黄和肉鸡皮肤颜色加深。

（2）蛋清颜色　在生产中如果发现鲜蛋蛋清稀薄，浓蛋白与稀蛋白界限不清，则可能与蛋鸡日粮中的蛋白质、维生素 B_2 和维生素 D 不足等有关。若日粮中棉籽饼（粕）配比过量或者质量低劣，鸡蛋经 1 个月贮藏后可发现蛋清呈粉红色，蛋黄膨胀且质地变硬有弹性，颜色呈淡绿色至黑褐色，有时伴有粉红或红色斑点。饲粮中含有双香豆素较高的饲料（如草木樨），可导致维生素 K 缺乏；饲料中蛋白质含量高（粗蛋白质含量达 18% 以上）、维生素 A 不足，均可导致蛋中出现芝麻黄豆粒大小的血斑、血块，蛋清中溶有淡红色鲜血。

4. 伪劣饲料对禽蛋风味的影响

当饲粮中葱、洋白菜、菜籽饼（粕）、鱼粉、蚕蛹粉、胆碱等过多时，则会使蛋产生异味。产生异味的原因，除了含有某些挥发性物质外，多是因为机体对三甲胺的吸收能力超过其代谢与排泄能力，剩余的三甲胺进入肌肉或蛋黄中，使其产生鱼腥臭味。

三、伪劣饲料与牛乳品质

一般来讲，牛乳成分不受饲料的影响，只有当饲料质量异常到

某种程度以上时，才会使牛乳成分发生变化。

1. 伪劣饲料对乳蛋白、乳脂和乳糖的影响

（1）乳蛋白 蛋白质不足的饲料会使产乳量减少，蛋白质过剩的饲料会使乳中微量的非蛋白氮化合物和维生素含量略有提高。

（2）乳脂 研究表明，乳脂主要受饲粮中精粗料比例的影响：粗料比例大时，可使瘤胃中挥发性脂肪酸乙酸、丁酸的比例增大；精料比例大时，瘤胃中挥发性脂肪酸乙酸、丁酸的比例降低。因为乙酸是合成乳脂的主要原料，因此粗料比例大时，乳脂率增加。此外，饲料粒度过小，使饲料过瘤胃速度加快，从而使乙酸比例下降，乳脂率降低。

（3）乳糖 乳中乳糖含量同样受日粮中精粗料比例的制约。当精料比例大时（日粮干物质中精粗料比例大于 60：40），由于淀粉可增强瘤胃的发酵作用，降低 pH 值，促进丙酸生成，从而使乳糖含量提高。

2. 伪劣饲料对乳中矿物质、维生素的影响

（1）矿物质 当喂给奶牛缺钙或缺磷的日粮时，可使其产乳量下降并影响机体健康，但对乳中钙、磷含量并无影响。而乳中微量元素（碘、钴、锰、铁、铜等）含量，却与饲料中这些元素的含量密切相关。

（2）维生素 饲料中脂溶性维生素 A、维生素 D、维生素 E 的含量对乳中相应维生素的含量影响较大。如当饲料中维生素 A 和胡萝卜素充足时，乳中的维生素 A 含量提高；反之下降。乳中维生素 E 除受饲料中维生素 E 含量影响外，还受机体内抗氧化剂多少的制约。

3. 伪劣饲料对牛乳风味的影响

当饲料中掺有洋葱等味道比较重的原料，芜菁、油菜等十字花科植物，以及一些杂草类时，会使牛乳产生挥发性气味。此外，鲜

苜蓿、青贮饲料和豆饼等在挤乳前 4～5 小时投喂，也会对牛乳的风味、气味产生不同程度的影响。如大量饲喂甜菜，其中的甜菜碱可转化为三甲胺，使牛乳产生难闻的鱼腥味。

四、伪劣饲料对人类健康的影响

伪劣饲料除了直接对畜禽及其畜产品产生影响外，还通过食物链的关系，间接影响人类的身体健康。在饲料工业大力发展的同时，我们更应该清楚地看到：由于人类对动物饲养高额利润的追求，高密度、集约化饲养带来了严重的环境污染；动物快速增长而对营养物质的全面需求，使生产的饲料产品在品质上更为接近动物生长的规律，但同时动物产品的体内残留量过高而导致人类疾病的危险性增大。

1. 激素类及兽药残留

瘦肉精（β-兴奋剂），化学名称为盐酸克伦特罗，经查处后，目前瘦肉精的使用已转为"地下"。

呋喃唑酮、氯羟吡啶、土霉素、金霉素等兽药作为添加剂被普遍应用。这些添加剂均有不同程度的残留，产生耐药性，易在畜产品中蓄积而危害人类健康。

2. 高铜高铁高锌污染

经分析，配合饲料中的主要原料如玉米、麸皮、饼粕、鱼粉中的各种微量元素合计起来也基本能达到饲料标准中的微量元素需要（除特定微量元素缺乏的地区外）。但是，现在所有预混料添加剂几乎都不考虑原料中的微量元素含量，而是另外加倍添加，出现了为数不少的高铜高铁高锌日粮。多余的铁、铜、锌通过畜禽粪便排出体外，可造成对土壤环境的污染。

3. 砷、氟中毒

有机砷（对氨基苯胂酸）作为促生长添加剂被长期添加，积少成多，便有中毒的危险。

砷、氟在消化道吸收得少，因而畜禽粪便中含量很高，人食用这种动物产品可能危害健康。

4. 有害微生物

饲料中的有害微生物细菌（沙门菌）、霉菌（黄曲霉菌）等，以及这些有害微生物所产生的毒素有：霉菌毒素、细菌毒素等，不仅可引起畜禽疾病，人食用这些动物产品也会危害健康。

实验室图片

第三章　常用饲料的真伪鉴定举例 》

一、谷实类、糠麸类饲料原料质量鉴定

（一）玉米

1. 感官及构造

（1）形状　因玉米的品种不同，其籽粒大小、形状及软硬度各有不同，但同一品种要求籽粒整齐、均匀一致，无异物、虫蛀及鼠类污染等。

（2）颜色　黄玉米的颜色呈淡黄色至金黄色，其他玉米呈白色至浅黄色，通常凹玉米比硬玉米的色泽浅。

（3）味道　具有玉米特有的甜味，粉碎时有生谷味道，但无发酵酸味、霉味及异臭。

（4）构造　玉米粒的构造从外到内分为果皮（5.5％）、种皮（1％）、胚乳（82％）和胚芽（11.5％）。胚乳又分角质状胚乳和粉状胚乳，其中角质状胚乳占54％，为角质性，淀粉颗粒小，被蛋白质性间质包裹，其内所含的脂肪及蛋白质比粉状胚乳高2倍；粉状胚乳占28％，为粉状淀粉层，排列较松，周围的蛋白质较少。一般硬玉米胚内含大量的角质性淀粉，而凹玉米胚内含大量粉状淀粉。

2. 显微特征

一般用于饲料的玉米都是经过粉碎的，粉碎后的玉米各部分特征在显微镜下都比较明显。在体视镜下观察可见玉米皮层薄且半透明，并带有平行排列的不规则形状的碎片物，内表面常黏附有淀粉。角质性淀粉为黄色（白玉米为白色），半透明，较硬；粉状淀粉为白色，不透明，较软。另外还可见漏斗状帽盖和质脆而薄的红色片状颖花。在生物镜下观察，可见玉米的表皮由一层细长的细胞组成，细胞壁厚且有凹孔。角质性淀粉的淀粉粒小，为多边形；粉状淀粉的淀粉粒大，为圆形。每个淀粉粒的中央都有一个明显的脐眼，脐眼中心向外有放射状裂纹。

3. 品质判断

（1）水分。水分含量的多少是玉米安全储藏的重要条件，因为玉米的胚乳部较大，水分含量高，易发霉变质，影响玉米的饲用价值，所以接收的玉米必须达到本地区的安全水分含量，以保证其安全储存。

水分的快速感官检验方法如下：

① 水分含量在14％～15％时，脐部收缩，明显凹下，有皱纹，经齿碎时震牙并有清脆的声音；用手指掐比较费劲，大把握玉米有刺手感。

② 水分含量在16％～17％时，脐部明显凹下，齿碎时不震牙，但能听到齿碎时发出的响声；用指甲捏脐部时稍费劲。

③ 水分含量在18％～20％时，脐部稍凹下，很易齿碎，稍有响声，外观有光泽，用指甲捏不费劲。

④ 水分含量在21％～22％时，脐部不凹下，基本与胚乳相平，牙咬极易碎，有较强的光泽，用手指掐后能自动合拢。

⑤ 水分含量在23％～24％时，胚部稍突起，光泽差。

⑥ 水分含量在25％～30％时，胚部突出比较明显，光泽特强，用手指捏脐部有水渗出。

⑦ 水分含量超过30％时，玉米籽粒呈圆柱形，用手指压挤胚乳均有水渗出。

（2）接收的玉米需籽粒整齐一致，无发酵、变质、霉变、结块、异味及异臭等。另外玉米接收最好根据中华人民共和国国家标准（GB 1353）定等，即以纯粮率定等。这种方法快速简单，特别适合批量购入。不符合验收标准的玉米不予接收。

纯粮率的快速检验方法如下：检验纯粮率时，要求对试样的重量以及组成的各种不完善粒（虫蛀粒、霉变粒、生芽粒、病斑粒、未熟粒、破碎粒等）的重量有比较正确的估计。检验时，将扦取的样品（一般扦取 100 克左右）放在样盘中，用手摊平，把视线集中在某一点，仔细鉴别，观察样品中的杂质后，将视线移至全盘，将盘中玉米反复搅拌，仔细观察不完善粒的项目种类和数量多少，估算纯粮，最后确定其等级。

此外，还可用"把抓"的方法，把玉米放在手掌中观察，这种方法检验不完善粒较为合适，因面积小，较为集中，便于估测。

（3）受霉菌污染或酸败的玉米均会降低畜禽食欲及营养价值，所以有异味的玉米应避免接收或使用，特殊情况应检测黄曲霉毒素等。

黄曲霉毒素的快速检测方法如下：

方法 1：取样品 500 克，用粉碎机粉碎后，将玉米放到暗箱中，用紫外灯进行照射，估计荧光面积，超过规定标准即可退货。

方法 2：用黄曲霉毒素快速测试盒（此盒由江苏省微生物研究所研制）测试。这是利用酶联免疫原理研制出的一种黄曲霉毒素快速测试盒，这种测试盒能限量和定量测定黄曲霉毒素 B_1 含量，其灵敏度是国标的 160 倍，可提高工作效率 30～40 倍，显著降低成本，且操作安全、无毒，其限量测定结果与国标法相吻合，每盒测 45 个样品。

（4）掺假检测。市售玉米粉内，不法商人有时掺入石灰石粉。

石灰石粉检测方法为：向试样中滴入少量稀盐酸（1∶3），如产生泡沫则表示含有石灰石粉，这是由于盐酸与碳酸钙反应产生二氧化碳所致。

（二）高粱

1. 感官及构造

（1）**形状** 整粒高粱为长椭圆形，末端有一黑点。

（2）**颜色** 根据品种不同，高粱籽实颜色有白色、黄色及褐色，但内部淀粉质则呈白色，故粉碎后颜色趋淡。

（3）**味道** 粉碎后略带甜味，但不可有发酸、发霉现象。褐高粱咀嚼会有苦涩感，这是由于高粱含有单宁，它主要存在于种皮，色深者含量较多。

（4）**构造** 与玉米的构造相似，高粱的外皮（种皮）与淀粉层黏着很紧密。经粉碎后，在淀粉层可见种皮附着。同玉米一样，高粱淀粉也有角质性淀粉和粉状淀粉之分，但高粱含角质性淀粉较多，故颗粒较硬。

2. 显微特征

在体视镜下观察，可见高粱外皮层紧紧地附在角质性淀粉上，颜色因品种而各异，有白色、红褐色或淡黄色。粉碎的高粱粒度参差不齐，呈圆形或不规则形状。角质性淀粉不透明，表面粗糙；粉状淀粉色白有光泽，呈粉状。颖片硬而发亮，颜色为淡黄色、红褐色至深紫色。

在生物镜下观察，可见其种皮色彩丰富，细胞内有红色、橘红色、粉红色和黄色等色素，其中以淡红棕色的色素为主，颜色不匀，有深色条纹及斑点，排列独特。高粱淀粉颗粒单个存在时与玉米淀粉颗粒极为相似，也是多边形，中心有明显的脐眼并向外呈放射状裂纹。但高粱淀粉颗粒若不是单个存在的而是聚集到一起时呈蓝色，而玉米淀粉颗粒呈淡黄色或淡灰色。高粱的糊粉层细胞具有不同的形状与大小，有圆形、椭圆形、长方形等多种形态，且大小不一，而玉米的糊粉层细胞为圆形。

3. 品质判断与注意事项

（1）高粱水分含量要达到本地区的安全水分含量，可根据不同季节、不同温度与湿度而定，以保证安全储存。

（2）接收的高粱需籽粒整齐一致，色泽新鲜，无发酵、霉变、结块及异味、异臭等。为了便于高粱的接收，可采用中华人民共和国专业标准（GB/T 5498—2013　粮油检验　容重测定），即以容重定等。

容重的简易测定方法如下：将混合均匀的样品轻轻地并十分小心地倾注到 1000 毫升量筒中，直至达到 1000 毫升的刻度线，用小勺调整好容积，然后将样品倒出并称量，计算出每升样品的重量。重复 3 次，取平均值即为高粱的容重。

（3）高粱外壳含量的多少对其品质影响很大，即使等级够，如果外壳含量多，其营养价值就低。因此根据高粱外壳含量的多少，大致可鉴定其质量好坏。

（4）单宁问题。高粱的颜色由白色至棕色均有，其中棕色呈色物质即为单宁。单宁带收敛性，具有苦味，含量越高则适口性越差。单宁除引起适口性问题外，其主要危害在于降低蛋白质及氨基酸的利用率，可引起雏鸡脚弱症，降低饲料利用率、产蛋率及种鸡的受精率，因而对单宁的多少要进行辨别。

单宁简易辨别方法如下：在一只烧杯中加入 15 克高粱样品、15 克氢氧化钾和 70 毫升 5％次氯酸钠，水浴加热 10 分钟，并不时振摇使之充分漂白，而后吸干（漂白试验相对简单，而且是用于检测市场高粱样品中棕色高粱籽粒比例的最好方法），可以观察到含有颜色种皮的高粱籽粒变黑，而低单宁高粱则呈白色。漂白试验最好同时检查已知的高单宁棕色高粱与无单宁高粱，从而使操作者得到一个定量的结果。

（三）小麦麸

1. 感官及构造

（1）**形状**　小麦麸呈粗细不等的片状，不应有虫蛀、发热、结块现象。

（2）**颜色**　淡黄褐色至带红色的灰色，但依小麦品种、等级、品质不同而有差异。

（3）**味道** 具有粉碎小麦特有的气味，不应有发酸、发霉或其他异味。

（4）**构造** 小麦麸为小麦粒在磨制面粉时所得的副产物，包括果皮层、种皮层、糊粉层及外胚乳等。

2. 显微特征

小麦麸在体视镜下观察为片状结构，其片的大小与制粉程度有关。麸皮的外面有细皱纹，内表面黏附有许多不透明的白色淀粉粒。麦粒尖端的麸皮粒片薄、透明，附有一簇长长的有光泽的毛。

在生物镜下观察可见小麦麸由多层组成，具有明显的链珠状细胞壁，仅一层管状细胞例外，在管状细胞上整齐地排列有一层横纹细胞。小麦淀粉颗粒较大，近圆形，侧视形似双凸透镜，无明显的脐眼。

3. 品质判断与注意事项

（1）小麦麸为片状，故掺假（一般掺有石粉、贝粉、花生皮、稻糠、沙土等）时很容易辨别，可依其气味、镜检（可观察其淀粉颗粒的形状）及化学法等来鉴别。其粗细受筛孔大小及洗麦时用水多少的影响。

（2）麸皮易生虫，故不可久贮。水分含量超过 14％时，在高温高湿环境下易变质，购买时应特别注意。

（3）小麦粗粉是小麦制粉过程中的另一副产物，因其呈粉状，不易辨认。由于该品市场需求高，经常缺货，因而掺假的可能性较大，一般掺假原料有麦片粉、燕麦粉、木薯粉等低价原料，可依风味、物性及镜检（观察淀粉颗粒形状）来区别。

（4）次粉也是小麦制粉过程中的副产物，为浅白色至褐色细粉，主要由不同比例的麸皮和胚乳及少量胚芽组成。其品质介于普通粉与小麦麸之间。在水分不超过 13％的条件下，以 87％干物质计，一级品粗蛋白质含量大于等于 15％，粗纤维小于等于 3.5％，粗灰分小于 3%。

4. 掺假检查

小麦麸主要掺入一些石粉、贝壳粉、沙土、花生皮及稻糠等，检查方法如下。

（1）手感法 将手插入一堆麸皮中，然后抽出，如果手指上粘有许多白色粉末且不易抖落，则说明掺有滑石粉；如易抖落则是残余面粉。再用手抓起一把麸皮使劲攥，如果麸皮很易成团，则为纯正麸皮；而攥时手有涨的感觉，则说明掺有稻糠。

（2）显微镜检查法 将待检样品均匀放在载玻片上，在 15 倍的体视镜下观察，如果视野里看小麦麸两面发白发亮，动多个视野都可看到，则认为掺有石粉；若视野中看到有长而硬、没有白面的皮，有"井"字条纹，则认为有稻壳粉掺入。掺入贝壳粉、沙土、花生皮均可通过显微镜观察，主要依据这几种原料的显微特征。

（3）水浸法 此法对掺有贝壳粉、沙土、花生皮者较明显。方法是：取 5～10 克麸皮于小烧杯中，加入 10 倍的水搅拌，静置 10 分钟，将烧杯倾斜，若掺假则看到底面有贝壳粉、沙土，上面浮有花生皮。

（4）盐酸法 取试样少量于小烧杯中，加入 10% 的盐酸，若出现发泡现象，则说明掺有贝壳粉、石粉。

（5）成分分析法 小麦麸粗蛋白质含量一般在 13%～17%，粗灰分在 6% 以下，粗纤维低于 10%，可依据此标准进行验证。

（四）米糠

1. 感官及构造

（1）形状 呈粉状，略具油感，含有微量碎米、粗糠（砻糠），其数量应在合理范围内，不应有虫蛀及结块等现象。

（2）颜色 呈淡黄色或黄褐色。

（3）味道 具有米糠特有的风味，不应有酸败、霉味及异臭出现。

（4）构造 米糠为糙米精制大米时脱下的果皮层、种皮层、糊粉层、外胚乳及胚芽等混合物，其内也可能混有少量的粗糠、碎米等。

2. 显微特征

粗糠是粉碎的稻壳。在体视镜下观察可见稻壳呈不规则的片状，外表面具有光泽的横纹线，可见到茸毛。在生物镜下观察可见管状细胞上纵向排列的弯曲细胞，细胞壁很厚，这种特有的细胞排列方式是稻壳在生物镜下的主要特征。

米糠主要由种皮、糊粉层、胚芽及少量碎米组成。在体视镜下观察可见米糠为很小的片状物，无色透明。如果是未脱脂的米糠，可见团块；如果为脱脂米糠，则不结成团块。此外还可观察到少量细小的碎米粒。在生物镜下观察米糠可见其细胞非常小，细胞壁薄且呈波纹状。米粒的淀粉粒很小，呈圆形，有脐眼，常聚集成团。

3. 品质判断与注意事项

(1) 全脂米糠因含油脂高，极易氧化酸败，通常测定其游离脂肪酸含量即可知酸败程度。

(2) 全脂米糠水分含量随糙米原料而异，它是影响米糠品质最大的因素，当水分含量高达 13% 以上时，则氧化变质迅速，尤其是高温高湿的夏季，4~5 天内酸价即直线上升。由陈旧谷物所制的全脂米糠较耐贮，原因是水分含量较低。

(3) 米糠中含粗糠的量直接影响其品质与等级，一般可由粗糠中所含的木质素的定性与定量来判断，也可采用测定二氧化硅来估计。一般粗糠中含二氧化硅约 17%，检测出二氧化硅的含量，再乘以 5.9(100/17) 即为所掺粗糠的估计量。

二、饼粕类饲料原料质量鉴定

(一) 大豆、豆饼粕

1. 大豆

(1) **感官特征及构造** 大豆在形状、大小、颜色等方面差异较大，形状有椭圆形、圆球形，颜色多为黄色，但也有褐色、绿色、黑色等，有的同一粒大豆上有几种颜色。齿碎时有豆腥味。大豆籽实由种皮、种脐和子叶构成。

（2）显微特征　在体视镜下观察，可见种皮外表面光滑、有光泽，可看见明显凹痕和针状小孔，内表面为白色多孔海绵状组织，种皮碎片通常向内面卷曲或卷曲成筒状。种脐为长椭圆形，颜色有黄色、褐色或黑色，种脐上有明显的"川"字形的条纹（有些可以从碎片上看出）。

（3）品质判断　接收的大豆需籽粒整齐，色泽新鲜一致，无发酵、霉变、结块及异味、异臭等。等级需符合接收标准，否则不予接收。大豆按中华人民共和国国家标准（GB 1352）定等，即以纯粮率定等。

大豆的水分含量，要达到本地区的安全水分含量，以保证安全储存及使用安全。

大豆水分含量的快速感官检验如下：检验大豆水分时，主要应用齿碎法，并且根据不同季节而定；水分含量相同，由于季节不同，齿碎的感觉也不同。

冬季：水分含量在12%时，齿碎后可成4～5瓣；水分含量在12%～13%时，虽能破碎，但不能成多块；水分含量在14%～15%时，齿碎后豆粒不破碎，而成扁状，豆粒四周裂成许多口，牙齿的痕迹会留在豆粒上，豆粒被牙齿咬过的部分出现透明现象。

夏季：水分含量在12%以下时，豆粒能齿碎和发出响声；水分含量在12%以上时，齿碎时不易破碎，豆粒发艮，没有响声。

2. 豆粕

（1）感官特征

① 颜色　淡黄色至淡褐色，颜色过深表示加热过度，太浅则表示加热不足。整批物料色泽应基本一致，为淡黄色直至深褐色，具有烤大豆的香味，外形为碎片状。

② 味道　具有烤大豆的香味，不可有酸败、霉变、焦化等异

味，也不要有生豆腥味。

③ 质地　均匀、流动性良好的粗粉状物，不可过粗或过细，不可含过量杂质。

④ 粒度　95%～100%可通过 NO.10 标准筛，40%～60%可通过 NO.80 标准筛。

⑤ 密度　0.55～0.65 千克/升。

(2) 显微特征　在体视镜下观察，可见豆粕皮外面光滑、有光泽，可看见明显的凹痕和针状小孔。内表面为白色多孔海绵状组织，并可见到种脐。豆粕颗粒形状不规则，一般硬而脆，颗粒无光泽、不透明，奶油色或黄褐色。

在生物镜下观察，豆粕皮是鉴定豆粕的主要依据，在处理后的大豆种皮表面，可见多个凹陷的小孔及向四周呈现的辐射状，犹如一朵朵小花，同时还可见表皮的"Ⅰ"字形细胞。

(3) 品质判断　接收的豆粕需色泽新鲜一致，无发霉、结块、异味、异臭等。要控制好适合本地区安全储存及使用的水分含量。豆粕不应焦化或有生豆味，否则为加热过度或烘烤不足。加热过度，会导致赖氨酸、胱氨酸、蛋氨酸及其他必需氨基酸的变性反应而失去利用性；烘烤不足，则不足以破坏生长抑制因子，蛋白质利用率差，必须正确鉴别。可用感官方法根据颜色深浅鉴别，也可利用快速测定脲酶法进行鉴定。豆粕多为碎片状，但粒度大小不一，豆粕皮多少不一，可根据豆粕皮所占比例，大致判断其品质好坏。在储存期间，若因保存不当而发热甚至烧焦者，所制得的豆粕颜色较深，利用率也差，甚至发霉，产生毒素，接收时需认真检查。大豆粕品质常用的测定方法见表 3-1。

(4) 脲酶快速检验法（尿素-苯酚磺肽染色法）　在一个 150 毫升的烧杯中，倒入少量尿素-苯酚磺肽溶液（将 1.2 克磺肽溶解于 30 毫升的氢氧化钠溶液中，用蒸馏水将其稀释至约 300 毫升，加入 90 克尿素并溶解，用蒸馏水稀释至 2000 毫升，加入 1000 毫升 0.5 摩尔/升硫酸，或加入 70 毫升 0.1 摩尔/升的硫酸，再用蒸馏

表 3-1　大豆粕品质常用测定方法

项目	正常		异常（供参考）	
	最低	最高	生大豆	加热过度
蛋白分散比或氮溶解指数	15%	30%	80%～90%	<15%
蛋白效率比	>2.3	—	—	—
4 周龄鸡体重（玉米与大豆粕配方,热能中等含量）	>500 克			
维生素 B_1/（毫克/克）	2.0	2.0	10.0	1.0
尿素（pH 值增值法）	0.05	0.3	1.75	<0.05
胰蛋白酶抑制因子（每千克中活性）	约 $2.57×10^4$	约 $2.57×10^4$	$9.3×10^4$	$1.78×10^4$
有效赖氨酸含量/%	>6.0			

水稀释至最后体积为 3000 毫升），注意溶液必须呈明亮的琥珀色。若溶液已转变为深橘红色，则滴加 0.1 摩尔/升的硫酸并搅拌，直至溶液再度出现琥珀色。

把样品磨碎，量 1 汤匙放入培养皿中，其量刚好铺满培养皿底部。在样品上加入 2 汤匙溶液，轻轻搅拌，然后将样品平铺于培养皿中，若仍有干样品，则再加入溶液，直到将样品浸湿。放置 5 分钟后观察：

① 没有任何红点出现，再放置 25 分钟，若仍无红点出现，说明豆粕过热，营养损失严重，蛋白质质量下降。

② 有少数红点，有少量脲酶活性，产品可用。

③ 豆粕表面约有 25% 为红点覆盖，有少量脲酶活性，产品可用。

④ 豆粕表面约有 50% 为红点覆盖，有脲酶活性，产品不可用。

⑤ 豆粕表面的 75%～100% 为红点覆盖，脲酶活性很高，说明此产品加热不够，不可接收这种原料。

注：尿素-苯酚磺肽试剂有效期仅 90 天；对脲酶含量较高者（低于接收标准的，甚至为零的），有条件的可做蛋白质溶解度试验，以便更好地确定是否可使用。

（5）掺假检查　豆粕主要掺假成分有玉米粉、玉米胚芽饼粕及豆饼碎，检查方法如下。

① 掺玉米粉的检查　取碘 0.3 克、碘化钾 1 克溶于 100 毫升水中，然后用吸管滴 1 滴水在载玻片上，用玻璃棒头蘸取过 20 号筛的豆粕，放在载玻片上的水中展开，然后滴 1 滴碘-碘化钾溶液，在显微镜下观察。纯豆粕的标准样品，可清楚地看到大小不同的棕色颗粒；含玉米粉的载玻片上，含有似棉花状的蓝色颗粒，随玉米粉含量的增加，蓝色颗粒增加，棕色颗粒减少。

标准样品的制备：分别取通过 20 号筛的纯豆粕 0.95 克、0.96 克、0.97 克、0.98 克、0.99 克，依次通过 20 号筛的玉米面 0.05 克、0.04 克、0.03 克、0.02 克、0.01 克各自混匀，五种标准样品分别为含 5%、4%、3%、2%、1%玉米的豆粕，按照上述步骤制成五个标准样片，以便半定量比较观察用。

② 掺玉米胚芽饼粕的检查　豆粕中掺玉米胚芽饼粕可借助于显微镜进行检查。豆粕在镜下观察可见豆粕皮，且豆粕皮外表面光滑、有光泽，并可见明显凹痕和针状小孔；内表面为白色多孔海绵状组织，并可观察到种脐，豆粕颗粒形状不规则，一般硬而脆，不透明，呈奶油色或黄褐色。而玉米胚芽饼粕具油腻感，在镜下观察呈棕黄色，同时可见玉米皮特征，玉米皮薄且半透明。所以二者在镜下很容易区分。

③ 掺豆饼碎的检查　豆粕中掺豆饼碎也可借助于显微镜进行检查。因豆粕与豆饼碎加工工艺不同，镜下状态不一样，豆粕镜下形状不规则，一般硬而脆，子叶颗粒无光泽，不透明，奶油色或黄褐色；豆饼碎子叶因积压成团，其颗粒状团块质地粗糙，颜色外浅内深。二者感官也可以大致区分，豆粕一般为碎片状，而豆饼碎呈团块状，颜色比豆粕深。

3. 豆饼的掺假检查

常见豆饼中掺有泥沙、碎玉米或 5％～10％的石粉，可降低豆饼粗蛋白质含量到 30％左右。

(1) 水浸法 取豆饼 25 克，放入盛有 250 毫升水的玻璃杯中浸泡 2～3 小时，然后用木棒轻轻摇起可看出豆饼与泥沙分层，上层为豆饼，下层为泥沙。

(2) 碘酒鉴别法 取少许豆饼放在干净的白瓷盘中，铺薄铺平，然后在它上面滴几滴碘酒，过 1 分钟后观察，其中若有的物质变成蓝黑色，说明掺假了，变色物质越多，则掺假越多。此法可分辨出掺入的玉米、麸皮、稻壳等掺假物。

(3) 生、熟豆饼检查法 养禽生产上常用熟豆饼作原料，而不用生豆饼，因生豆饼是豆籽没有经过热处理直接榨油而成的，含有抗胰蛋白酶、皂角素等物质而影响畜禽适口性及消化率。其鉴别方法是：取尿素 0.1 克置于 250 毫升锥形瓶中，加被测豆饼粉 0.1 克，加蒸馏水至 100 毫升，然后加塞于 45℃的水浴中温热 1 小时。取红色石蕊试纸一条浸入此溶液中，如石蕊试纸变成蓝色，则表示豆饼是生的，如石蕊试纸不变色，则表示豆饼是熟的。

（二）菜籽饼（粕）

1. 感官特征

菜籽饼（粕）颜色因品种而异，有黑褐色、黑红色和黄褐色之分，呈小碎片状，种皮较薄，有些品种外表光滑，也有的为网状表面。种皮与种仁是相互分离的，具有淡淡的油菜籽压榨后特有的味道。菜籽饼（粕）质脆易碎。

2. 显微特征

在体视镜下观察，种皮特征是主要的鉴定依据，菜籽种皮和种仁碎片不连在一起，很薄，易碎，表面有油光泽，可见凹陷的刻窝，形成网状结构。种皮内表面有柔软的半透明白色薄片附着，籽仁（子叶）为小碎片状，形状不规则，黄色无光泽。

在生物镜下观察，菜籽饼（粕）最典型的特征是种皮上的栅栏细胞，有褐色色素，为四边形或五边形，壁厚且有宽大的内腔，其直径超过细胞壁宽度，从表面观察，这些栅栏细胞无论在形状上、大小上都比较接近，相邻的两细胞间以较长的一边相对排列，细胞间连接紧密。

3. 品质判断

（1）菜籽饼（粕）有油菜籽的特殊气味，但不应有酸味及其他异味。特别要注意气味的检查，避免将变质的菜籽饼（粕）接收。菜籽饼（粕）也不能发霉、结块，外观要新鲜。同时，确定本地区的安全水分含量，以保证安全储存及使用安全。

（2）种皮的多少影响着其质量的好坏，可根据种皮的多少估测其质量。

（3）菜籽饼（粕）在生产过程中不能温度过高，否则有焦煳味，影响蛋白质品质，使蛋白质溶解度降低，对这种产品除感官上进行鉴别外，还可做蛋白质溶解度试验，以确定其是否可以使用。

（4）菜籽饼（粕）中含有配糖类硫代葡萄糖苷（芥子苷），在芥子水解酶的作用下，会产生挥发性芥子油。含有异硫氰酸丙烯酯和噁唑烷硫酮等毒物，引起菜籽饼（粕）的辣味而影响饲料的适口性，且具有强烈的刺激黏膜的作用。因此，长期饲喂菜籽饼（粕）可能造成消化道黏膜损伤，引起下痢，因此必须对异硫氰酸丙烯酯进行检验。

4. 菜籽饼（粕）中异硫氰酸丙烯酯的简易检验方法

（1）**硝酸显色反应**　取菜籽饼（粕）20克，加等量蒸馏水，混合均匀，静置过夜，取浸出液5毫升，加浓硝酸3～4滴，如迅速呈明显的红色即为阳性。

（2）**氨水显色反应**　取菜籽饼（粕）20克，加等量蒸馏水，混合均匀，静置过夜，取浸出液5毫升，加浓氨水3～4滴，如迅速呈明显的黄色即为阳性。

5. 掺假检查

菜籽饼（粕）掺假主要是掺杂一些低廉的原料，而且较重，如泥土、砂石等，具体检查方法如下。

（1）感官检查 正常的菜籽饼（粕）为黄色或浅褐色，具有浓厚的油香味，这种油香味较特殊，其他原料不具备。同时菜籽饼（粕）有一定的油光性，用手抓时，有疏松感觉。而掺假的菜籽饼（粕）油香味淡，颜色也暗淡，无油光性，用手抓时，感觉较沉。

（2）盐酸检查 正常的菜籽饼（粕）加入适量的10%盐酸，没有气泡产生；而掺假的菜籽饼（粕）加入10%盐酸，则有大量气泡产生。

（3）粗蛋白质的检查 正常的菜籽饼（粕）其粗蛋白质含量一般都在33%以上，而掺假的菜籽饼（粕）其粗蛋白质含量较低。

（4）四氯化碳检查 四氯化碳的密度为1.59，菜籽饼（粕）的密度比四氯化碳小，所以菜籽饼（粕）可以漂浮在四氯化碳表面。其方法是：取一梨形分液漏斗或小烧杯，加入5～10克的菜籽饼（粕），再加入100毫升四氯化碳，用玻璃棒搅拌一下，静置10～20分钟，菜籽饼（粕）应漂浮在四氯化碳的表面，而砂石、泥土等由于密度大，故下沉到底部，将下沉的沉淀物分离开，放入已知重量的称量瓶中，然后将称量瓶连同下层物放入110℃烘箱中烘15分钟，取出置于干燥器中冷却、称重，算出粗略的土、砂含量。正常的菜籽饼（粕）中土、砂含量在1%以下，而掺假的菜籽饼（粕）中土、砂含量高达5%～15%以上。

（5）粗灰分检查 正常的菜籽饼（粕）的粗灰分含量应不大于14%，而掺假的菜籽饼（粕）的粗灰分含量高达20%以上。

（三）棉籽饼（粕）

1. 感官特征

因棉籽饼（粕）存留有棉纤维，所以棉籽饼（粕）都粘有棉纤维。棉籽饼（粕）一般为黄褐色、暗褐色至黑色，有坚果味且略带棉籽油味道（但溶剂提油者无类似坚果的味道），通常为粉状或碎块状（棉籽饼）。

2. 显微特征

在体视镜下观察，可见短纤维附着在外壳上及饼粕的颗粒中。棉纤维中空、扁平、卷曲、半透明、有光泽、白色，较易与其他纤维区别。棉籽壳碎片为棕色或红棕色，厚且硬，沿其边沿有淡褐色和深褐色的不同色层，并带有阶梯似的表面。棉籽仁碎片为黄色或黄褐色，含有许多圆形扁平的黑色或红褐色油腺体或棉酚色腺体。压榨棉籽时将棉籽仁碎片和外壳压在一起，看起来颜色较暗，每一碎片的结构较难看清，但壳上纤维特征最易观察。

在生物镜下观察，可见棉籽种皮细胞壁较厚，似纤维，带状，呈不规则弯曲，细胞空腔小，多个相邻的细胞排列成花瓣状。

3. 品质判断

（1）棉籽饼（粕）应新鲜一致，无发酵、腐败及异味，也不可有过热的焦味而影响蛋白质品质，必须认真用感官鉴别。如有条件，可做蛋白质溶解度试验，以确保是否接收。同时确定本地区的安全水分含量，保证储存及使用安全。

（2）棉籽饼（粕）通常淡色者品质较佳，储存太久或加热过度均会加深色泽，注意检查。

（3）棉籽饼（粕）含棉纤维及棉籽壳（多数不脱壳），它们所占比例的大小，直接影响其质量，所占比例大，则营养价值相应降低，感官可大致估测。

（4）过热的棉籽饼（粕），会造成赖氨酸、胱氨酸、蛋氨酸及其他必需氨基酸的损失，利用率很差，注意感官鉴别。

（5）棉籽饼（粕）感染黄曲霉毒素的可能性高，应留意，必要情况下可做黄曲霉毒素的检验。

（6）棉籽饼（粕）中含有棉酚，棉酚含量是其品质判断的重要指标，含量太高，则利用程度会受到很大限制。生产过程中需要做脱毒处理。测定脱毒处理后残留的游离棉酚是否低于国家饲料卫生标准，是保证产品安全性的重要措施之一。

三、动物性蛋白质饲料原料质量鉴定

（一）鱼粉

1. 感官及构造

（1）形状　鱼粉呈粉末状，含鳞片、鱼骨等，加工良好的鱼粉可见肉丝，但不应有过热的颗粒及杂物，也不应有虫蛀、结块现象。

（2）颜色　鱼粉颜色随原料鱼种不同而异，墨罕敦鱼粉呈淡黄或淡褐色，沙丁鱼粉呈红褐色，白鱼粉呈淡黄或灰白色。加热过度或含脂较高者，颜色较深。一般脱脂后人工烘干的鱼粉色泽较深，为棕色；自然晾干的鱼粉色泽较浅，为黄色或白色。优质鱼粉有细长的肌肉束、鱼骨、鱼肉块等，煳焦的鱼粉发黑，掺有血粉的鱼粉有暗红色或黑色的粉状颗粒。

（3）味道　鱼粉具有烤鱼香味，并稍带鱼油味，混入鱼溶浆者腥味较重，但不应有酸败、氨臭等腐败味及过热的焦味。优质的鱼粉呈咸腥味，依腐败程度相应产生腥臭味及刺激性氨臭味，掺有肉骨粉等的鱼粉有混腥味。

（4）触觉与构造　鱼粉内含有肌肉组织、鱼骨头及鱼鳞等。鉴别鱼粉，可找鱼骨及鱼鳞做对比鉴别。优质鱼粉经指捻后，质地松软，呈肉松状；劣质鱼粉或掺假鱼粉质地粗糙，故通过指捻感受硬度、黏稠度及异杂物。

2. 显微特征

在体视镜下观察可见鱼粉为一种小的颗粒状物，表面无光泽。鱼肉表面粗糙具有纤维结构，其肌纤维大都呈短断片状，易碎，卷曲，表面光滑、无光泽、半透明。鉴定鱼粉的主要依据是鱼骨和鱼鳞的特征。鱼骨坚硬，多为半透明至不透明的碎片，一些鱼骨片呈琥珀色，其空隙为深色；一些鱼骨具有银光色。鱼骨碎片的大小、形状各异，鱼体各部分（头、尾、腹、脊）的骨片特征也不相同。鱼鳞为薄、平或卷曲的片状物，近透明，外表面有一些同心环纹，有深色带及浅色带而形成一个年轮。鱼皮是一种似晶体的凸透镜状物体，半透明，表面碎裂形成乳色的玻璃珠。

在生物镜下可见鱼骨为半透明至不透明的碎片，孔隙组织为深色，纺锤形，有波状细纹，从孔隙边缘向外延伸。

3. 品质判断

（1）鱼粉应具有新鲜的外观，不可有酸败、氨臭等腐败味。水分含量要达到本地区的安全水分含量，以保证其安全储存及使用。

（2）可用感官检查，即凭借视觉、嗅觉、触觉等来了解鱼粉是否正常，从而正确判断其品质。

（3）鱼粉价格较高，特别是进口鱼粉，因而造成鱼粉市场较混乱，掺杂使假情况屡有发生。因此，在购进鱼粉时，必须对鱼粉进行掺假检验，掺假的原料有石粉、羽毛粉、皮革粉、尿素、肉骨粉、贝壳粉、虾粉、棉籽粕、菜籽粕等，基本都是为了提高蛋白质含量，有些是当增量剂使用，有些是用来改变鱼粉特性，有些是为了调整风味、色泽，有些兼有数种用途，但大多数是廉价而不能被机体消化吸收的物质。

（4）**焦化气味** 进口鱼粉由于在船舱中长期运输，且含磷量高，容易引起自燃，而生成的烟或高温使鱼粉呈烧焦状态。另外，鱼粉在加工过程中，温度过高也会使其产生焦煳味，鸡食后容易引起食滞，检验时需多加注意，如有此味，可拒收。

（5）鱼粉的新鲜度，需从颜色、气味上鉴别，正常的鱼粉不应有酸味、氨味等异味，颜色不应有陈旧感。鱼粉黏性越佳越新鲜（因鱼肉的肌纤维富有黏着性）。其判断方法为：以75%的鱼粉加25%的α-淀粉混合，加1.2～1.3倍水炼制，用手拉感觉其黏弹性即可判断。也可进行鱼粉新鲜度的检查。

（6）**褐色化**　鱼粉储存不良时，表面便出现黄褐色的油脂，味变涩，无法消化，此乃鱼油与空气中的氧作用而氧化形成醛类物质，再与鱼粉变质所产生的氨及三甲胺作用，产生有色物质所致，需认真鉴别。对这种情况的鱼粉，必须拒收。

（7）鱼粉可先用标准密度液（如四氯化碳）进行密度分离，分离出有机物及无机物，由其含量可判别鱼粉品质，如无机物含量高，则品质等级较差。

（8）如鱼粉中掺有皮革粉、羽毛粉，则可把鱼粉用铝箔纸包住用火点燃，以由此产生的气味来判别，也可镜检进行判别。

（9）粗蛋白质含量的高低，并不完全代表鱼粉品质的优劣，但不失为一种判断的标准。一般全鱼鱼粉的粗蛋白质含量应在63％～70％，太低可能属于下杂鱼粉所制，太高可能是掺假，可用纯/粗蛋白质方法检验，以确定其真实品质情况。

（10）鱼粉粗纤维几乎为零，太高则表明掺有纤维质的原料，如粗糠、木屑等，可用水漂法检验。

（11）粗灰分高表明骨多肉少，反之则骨少肉多，粗灰分占20％以上表明是非全鱼所制。钙、磷比例应一定，钙太多可能是加入了廉价的钙原料，可用盐酸法检验。

4. 鱼粉中盐分的快速简易测定

（1）**原理**　在含有氯离子的样品溶液中加入铬酸钾指示剂，用已知浓度的硝酸银做标准溶液滴定。在滴定过程中，溶液中的氯离子全部沉淀后，过量的硝酸银就与指示剂铬酸钾反应，生成砖红色的硝酸银沉淀，以此指示滴定的终点。由消耗的硝酸银的毫升数，即知样品中的含盐量。

（2）**仪器**　万分之一天平，100毫升容量瓶，250毫升锥形瓶，滴定管等。

（3）**试剂**

① 10％铬酸钾溶液的制备　精确称取10克铬酸钾溶解于少量的蒸馏水中（加热），待溶解后转移至100毫升容量瓶中，用蒸馏

水洗涤烧杯3～4次，洗后将水倾倒到容量瓶内，摇匀后稀释至刻度处，再将溶液转移到棕色瓶中备用。

② 2.9％硝酸银溶液的制备　精确称取 2.9 克硝酸银溶解于少量蒸馏水中，待溶解后转移至 100 毫升容量瓶中，用蒸馏水洗涤烧杯3～4次，洗后将水倾倒到容量瓶内，摇匀后稀释至刻度处，再将溶液转移到棕色瓶中备用。

（4）操作步骤　准确称取鱼粉样品 10 克，放入 250 毫升烧杯中，加入 100 毫升蒸馏水，充分搅拌后静置半小时，使鱼粉中盐分充分溶解于水，用移液管准确移取 10 毫升上清液于 250 毫升锥形瓶中，加入 10％铬酸钾溶液 1 毫升，用 2.9％硝酸银溶液滴定，溶液出现砖红色且 1 分钟不褪色为滴定终点。

（5）结果计算　滴定时所消耗的 2.9％硝酸银溶液的毫升数，即为鱼粉中盐分的百分含量。

5. 鱼粉的掺假检查

鱼粉中常掺有菜籽粕、棉籽粕、羽毛粉、血粉、皮革粉、花生粕、芝麻粕、大豆粉、虾粉、蟹壳粉、贝壳粉、肉骨粉、尿素等，具体检查方法如下：

（1）感官检查法

① 视觉　优质鱼粉颜色一致，呈红棕色、黄棕色或黄褐色等，细度均匀。劣质鱼粉为浅黄色、青白色或黑褐色，细度和均匀度较差。掺假鱼粉为黄白色或红黄色，细度和均匀度差。掺入风化鱼粉则色泽偏黄。

② 嗅觉　优质鱼粉为咸腥味；劣质鱼粉为腥臭或腐臭味；掺假鱼粉有淡腥味、油脂味或氨味等异味。掺有棉籽粕和菜籽粕的鱼粉，有棉籽粕和菜籽粕味；掺有尿素的鱼粉，略具氨味；掺入油渣的鱼粉，有油脂味。

③ 触觉　优质鱼粉指捻质地柔软，呈肉松状，无砂粒感；劣质鱼粉和掺假鱼粉指捻有砂粒感，手感较硬，质地粗糙磨手。如结块发黏，说明已酸败；强捻散后呈灰白色，说明已发霉。

（2）**显微镜检查**　鱼粉为黄褐色或黄棕色等的轻质物，按鱼肉、鱼骨和鱼鳞的特征可以鉴别。鱼肉镜下观察表面粗糙，具有纤维结构，类似肉粉，只是颜色较浅。鱼骨为半透明至不透明的银色体，一些鱼骨呈琥珀色，其空隙呈深色的流线型波状线段，似鞭状葡萄枝，从根部沿着整个边缘向外伸出。鱼鳞为平坦或弯曲的透明物，有同心圆，以深色和浅色交替排布，表面有轻微的十字架；鱼眼为乳白色的玻璃球状物，较硬。

烧焦鱼粉：鱼粉长期堆放，通过空气氧化而自行燃烧，呈褐色。从镜下看不到油星，且颗粒碎小。鱼骨由半透明的银色体变为褐黄色的半透明体，鱼肉粗糙，纤维结构看不清楚或根本看不到。

鱼粉掺假的显微镜检查：

① **掺菜籽粕**　鱼粉中掺菜籽粕在镜下可见菜籽粕的种皮特征，种皮为深棕色并且薄，外表面有蜂窝状网孔，表面有光泽，内表面有柔软的半透明白色薄片附着。菜籽粕的种皮和籽仁碎片不连在一起，籽仁呈淡黄色，形状不规则，无光泽，质脆。

② **掺棉籽饼（粕）**　鱼粉中掺棉籽饼（粕）在镜下可见棉絮纤维附着在外壳上及饼粕颗粒上，棉絮纤维为白色丝状物，中空、扁平、卷曲、半透明、有光泽，棉籽壳碎片为棕色或红棕色，厚且硬，沿其边缘有淡褐色和深褐色的不同色层，并带有阶梯似的表面。棉籽仁碎片为黄色或黄褐色，含有许多圆形扁平的黑色或红褐色油腺体或棉酚色腺体。棉籽壳和棉籽仁是连在一起的。

③ **掺贝壳粉**　鱼粉中掺有贝壳粉在镜下可见贝壳粉的特征。贝壳粉颗粒很硬，表面两面光滑，颜色依贝壳种类不同而有较大的差异，有的为白色或灰色，也有的为粉红色。有些颗粒外表面有同心的或平行的线纹或者带颜色的暗淡的交错线束，有些碎片边缘呈锯齿状。

④ **掺血粉**　鱼粉中掺血粉，镜下可见血粉的特征。血粉在镜下颗粒形状各异，有的边缘锐利，有的边缘粗糙不整齐；颜色有些为紫黑色似沥青状，有些为血红色的晶亮小珠。

⑤ 掺皮革粉　鱼粉中掺皮革粉在镜下可见绿色、深褐色及砖红色的块状物或丝状物，像锯末似的，没有水解羽毛粉那样透明。

⑥ 掺水解羽毛粉　鱼粉中掺水解羽毛粉在镜下可见半透明像松香一样的碎颗粒，有些反光；同时可见羽毛管和羽毛轴，似空心面；也可看见生羽毛。

⑦ 掺大豆粉　鱼粉中掺大豆粉在镜下可见豆皮、黄色或淡黄色块状物。豆皮有凹形斑点，稍有卷曲，并可见豆脐，白色海绵淀粉像水珠一样浮在块状物表面。

⑧ 掺花生饼（粕）　鱼粉中掺花生饼（粕）在镜下可见花生种皮、外壳存在，种皮为红色、粉红色、深紫色或棕黄色。外壳破碎呈极不规则的片状且分层，内层呈白色海绵状，有长条短纤维交织，外壳表面有突筋呈网状，外壳皮厚不均，有韧性。

⑨ 掺芝麻饼（粕）　鱼粉中掺芝麻饼（粕）在镜下可见芝麻种皮特征，芝麻种皮带有微小的圆形突起，芝麻皮薄，黑色、褐色或黄褐色，因品种而异。

⑩ 掺蟹壳粉　鱼粉中掺蟹壳粉在镜下可见蟹壳的特征。蟹壳为小的不规则的几丁质壳的形状，壳外层多为橘红色，多孔，布有蜂窝状的圆形凹斑或小盖状物。

(3) 物理检验

① 鱼粉中掺有麸皮、花生壳粉、稻壳粉的检验　取 3 克鱼粉样品，置于 100 毫升玻璃烧杯中，加入 5 倍的水，充分搅拌后静置 10～15 分钟，麸皮、花生壳粉、稻壳粉因密度轻而浮在水面上。

② 鱼粉中掺沙子的检验　取 3 克鱼粉样品，置于 100 毫升玻璃烧杯中，加入 5 倍的水，充分搅拌后静置 10～15 分钟，鱼粉、沙子均沉于底部，再轻轻搅动，鱼粉即浮动起来，随水流转动而旋转，而沙子密度大，稍旋转即沉于杯底，此刻可观察到沙子的存在。

③ 鱼粉中掺植物性蛋白质的检验　取适量鱼粉用火燃烧，如发出与纯毛发燃烧后相同的气味，则为鱼粉；而具有砂谷物的香

味，则说明其中混杂了植物性蛋白质。

④ 鱼粉中掺羽毛粉的检验　将 10 克鱼粉样品放入四氯化碳与石油醚的混合液（100∶41.5，密度为 1.326 克/厘米^3）中搅拌静置，上浮物多为羽毛粉（和海蜇废弃物）。

⑤ 测容重法　粒度为 1.5 毫米的纯鱼粉，容重约为 550～600 克/升，如果容重偏大或偏小，均不是纯鱼粉。

（4）鱼粉中掺尿素的检验（化学检验）

方法一　称取 10 克鱼粉样品于烧杯中，加入 100 毫升蒸馏水，搅拌后过滤，取滤液 1 毫升于点滴板上，加 2～3 滴甲基红指示剂（称取甲基红 0.1 克，溶解于 95％乙醇中），再滴加 2～3 滴脲酶溶液（称取 0.2 克脲酶，溶解于 100 毫升 95％乙醇中），约经 5 分钟，如点滴板上呈深红色，则说明样品中掺有尿素。

方法二　无脲酶时，可用此方法检验。取两份 1.5 克鱼粉样品于两支试管中，其中一支加入少许黄豆粉，两管各加蒸馏水 5 毫升，振荡，置于 60～70℃恒温水浴中 3 分钟，滴 6～7 滴甲基红指示剂，若加黄豆粉的试管中出现较深的紫红色，则说明鱼粉中有尿素。

方法三　称取 10 克鱼粉样品，置于 150 毫升锥形瓶中，加入 50 毫升的蒸馏水，加塞用力振荡 2～3 分钟，静置，过滤，取滤液 5 毫升于 20 毫升的试管中，将试管放在酒精灯上加热灼烧，当溶液蒸干时，可嗅到强烈的氨臭味。同时把湿润的 pH 试纸放在管口处，试纸立即变成红色，此时 pH 值高达近 14。如果是纯鱼粉则无强烈的氨臭味，置于管口处的 pH 试纸稍有碱性反应，显微蓝色，离开管口处则微蓝色慢慢消失。

（二）肉骨粉

1. 感官及构造

（1）形状　粉末状，含骨碎粒和肉质。

（2）颜色　黄色至淡褐色和深褐色，含脂肪高者色深，过热处理时颜色也会加深。一般牛、羊肉骨粉颜色较深，猪肉骨粉颜色较浅。

（3）味道　有新鲜的肉味，并具烤肉香味及牛油或猪油味道。储存不良或变质时，会出现酸败时的哈喇味。

（4）构造　肉骨粉可能包括毛、蹄、角、骨、皮、血粉及胃内容物等。鉴别肉骨粉可从骨、蹄、角及毛等来区别。

① 肌肉纤维　有条纹，呈白色至黄色，有较暗面及较浅面的区分。

② 骨头　兽骨颜色较白、较硬，组织较致密，边缘较圆、平整，内有点状（洞）存在，为输送养分处；禽骨为浅黄白色椭圆长条形，较松软、易碎，骨头上腔隙（孔）较大。

③ 皮与角　皮本身为胶质，其与蹄、角的区别见表 3-2。

表 3-2　皮与蹄、角的鉴别

成分	加醋酸（1∶1）	加热水	加盐酸
皮	会膨胀	会胶化、溶解	不冒泡
蹄、角	不会膨胀	不溶解	会冒泡但反应慢

④ 毛　家畜毛呈杆状，有横纹，内腔是直的；家禽羽毛有卷曲状。

2. 显微特征

在体视镜下观察，肉骨粉呈黄色、淡褐色至深褐色固体颗粒，具油腻感，组织形态变化很大。肉质表面粗糙并粘有大量细粉，有的可见白色或黄色条纹和肌肉纤维纹理；骨质为较硬的白色、灰色或浅棕黄色的块状颗粒，不透明或半透明，有的带有斑点，边缘浑圆。肉骨粉经常混有血粉特征，也有的混入动物毛，毛的特征为长而粗、弯曲、颜色各异。羊毛通常是无色的或半透明白色的弯曲线条。

3. 品质判断与注意事项

（1）肉骨粉的颜色、气味及成分应均匀一致，不可含有过多的毛、蹄、角及血液等。肉骨粉可包括毛、蹄、角、骨、血粉、胃内容物及家禽的废弃物或血管等，检验时除可用含磷量区别外，还可以从毛、蹄、角及骨等的含量来区别。

（2）肉骨粉的脂肪含量高，易变质而造成风味不良，必须嗅其是否有腐败等异味，还应通过检测其酸价与过氧化价来帮助判断。

（3）肉骨粉易受细菌污染，尤其易受沙门菌污染，平时应定期检查其活菌数、大肠杆菌数及沙门菌数。

（4）肉骨粉是品质变异相当大的饲料原料，成分含量与利用率高低受原料品质、加工方法、掺杂及贮存期影响较大。接收时必须慎重，应综合判断，以确保质量。

（5）肉骨粉掺假情况相当普遍，最常见的是掺水解羽毛粉、血粉、贝壳粉及蹄、角、皮革粉等。因此对感官鉴定有异议的，需做掺假检查。正常产品含钙量应为含磷量的 2 倍左右，粗灰分含量应为含磷量的 6.5 倍以下，比例异常者有掺假的可能。粗纤维多来自胃肠内容物，含量过高则表示此类物质过多。肉骨粉的钙、磷含量可用下式估算：

$$磷（\%）=0.165×粗灰分（\%）$$
$$钙（\%）=0.348×粗灰分（\%）$$

四、饲料添加剂质量鉴定

（一）蛋氨酸

产品一：DL-蛋氨酸

1. 感官特征

DL-蛋氨酸为白色、淡黄色结晶性粉末，呈半透明细颗粒状，有的呈长棱状，具有反光性，手感滑腻，无粗糙感觉，有腥臭味，近闻刺鼻。

2. 品质判断

（1）色泽、气味等均需正常一致。

（2）溶解性检验。DL-蛋氨酸易溶于稀盐酸和氢氧化钠，略难溶于水，难溶于乙醇，不溶于乙醚。溶解性检验方法是：取约 5 克样品，加 100 毫升蒸馏水溶解，摇动数次，约 2～3 分钟后，溶液清亮无沉淀，即是真蛋氨酸。

（3）颜色鉴别。取约 0.5 克样品，加入 20 毫升硫酸铜饱和溶液，如果溶液呈黄色，则样品为真蛋氨酸。

（4）蛋氨酸灼烧产生的烟为碱性气体，并有特殊臭味，可使湿的广泛试纸变蓝色。灼烧无烟或者产生的烟使湿的广泛试纸变红为非真品。

（5）称取 5 毫克试样，用 5 毫升水溶解，加入 2 毫升 1 摩尔/升的氢氧化钠溶液和 0.3 毫升 0.05％亚硝基铁氰化钠溶液，35～40℃恒温水浴中保持 10 分钟，取出，在冰浴中保持 2 分钟，加入 2 毫升 10％盐酸溶液，混匀，溶液显红色，为真品。

以上检验均正常，有条件的可做纯度检验或含氮量检验、粗灰分检验，如有异常可做掺假检验。

3. 掺假检查

DL-蛋氨酸属高价原料，掺假情况较严重，掺假的原料主要有一些植物原料、碳酸盐类等，检查方法如下：

（1）**感官鉴别**　蛋氨酸是经水解或化学合成的单一氨基酸，一般呈白色或淡黄色的结晶性粉末或片状，在正常光线下有反射光发出。市场上假蛋氨酸多呈粉末状，颜色多为纯白色或浅白色，在正常光线下没有反射光或只有零星反射光发出。蛋氨酸手感滑腻，无粗糙感觉；而掺假蛋氨酸一般手感粗糙，不滑腻。蛋氨酸具有较浓的腥臭味，近闻刺鼻，用口尝试带有少许甜味；而掺假蛋氨酸味较淡或有其他气味。

（2）**pH 试纸法**　蛋氨酸灼烧产生的烟为碱性气体，有特殊臭味，可使湿的广泛试纸变蓝；掺假蛋氨酸灼烧后往往无烟（如用石粉、石膏粉冒充时），或者产生的烟使湿的广泛试纸变红（如用淀粉冒充时）。

（3）**溶解法** 蛋氨酸易溶于稀盐酸和稀氢氧化钠，略难溶于水，难溶于乙醇，不溶于乙醚。具体检验方法如下：取约5克样品加100毫升蒸馏水溶解，摇动数次，约2～3分钟后，溶液清亮无沉淀，则样品是蛋氨酸；如果溶液混浊或有沉淀，则样品不是蛋氨酸或是掺假蛋氨酸。

（4）**掺入植物成分的检查** 蛋氨酸的纯度达98.5％以上，且不含植物成分；而许多掺假蛋氨酸含有大量面粉或其他植物成分。检验方法如下：取样品约5克，加蒸馏水100毫升溶解，然后滴加碘-碘化钾溶液，边滴边晃动，此时溶液仍为无色，则该样品中没有面粉或其他植物成分，是真蛋氨酸；如果溶液变为蓝色，则说明该样品中含有面粉或其他植物成分，是掺假蛋氨酸。

（5）**颜色反应鉴别** 取约0.5克样品加入20毫升硫酸铜饱和溶液，如果溶液呈黄色，则样品是真蛋氨酸；如果溶液无色或呈其他颜色，则说明样品是假蛋氨酸。

（6）**掺入碳酸盐的检查** 有些掺假蛋氨酸中有大量的碳酸盐，如轻质碳酸钙等。具体检验方法是：称取约1克样品置于100毫升烧杯中，加入6摩尔/升盐酸20毫升，如样品中有大量气泡冒出，说明其中掺有大量碳酸盐，是掺假蛋氨酸；如没有气泡冒出，说明样品是真蛋氨酸。

（7）**粗灰分检查** 蛋氨酸的粗灰分含量极微，一般为百分之零点几；而掺假蛋氨酸的粗灰分含量往往很高，有时高达80％。具体检验方法是：称取5克样品于坩埚中，置于550℃下灼烧1～2小时，如果坩埚中基本无残渣，说明样品是真蛋氨酸；如果残渣很多，说明其中掺有大量矿物质，该样品是掺假蛋氨酸。

（8）**蛋氨酸含量估算** 取0.1克样品加20毫升蒸馏水溶解，用0.1摩尔/升的碘液滴定，且边滴边摇，直至溶液出现碘液本身的棕色为止。如碘液用量在10～12毫升，说明蛋氨酸的含量在95％左右。碘液用量越大，蛋氨酸含量越高；反之，碘液用量越低，蛋氨酸含量越小，说明样品是掺假蛋氨酸。如有条件，可按国标法测定其蛋氨酸含量，也可鉴别真伪。

产品二：DL-蛋氨酸羟基类似物（液体蛋氨酸）

1. 感官特征

DL-蛋氨酸羟基类似物为深褐色黏性液体，密度为 1.23 千克/升（20℃），溶于水，带有硫化物的特殊气味。

2. 品质判断

（1）依据颜色、气味进行检查。

（2）水分含量控制在 12％以下。

（3）有条件的可做纯度检查。

产品三：DL-蛋氨酸羟基类似物钙盐

1. 感官特征

DL-蛋氨酸羟基类似物钙盐为白色至褐色粉末，密度为 0.6～0.73 千克/升，有硫基团的特殊气味，可溶于水。

2. 品质判断

（1）依据颜色、气味进行检查。

（2）测定含钙量，在正常情况下，含钙量应为 12％。

（二）L-赖氨酸盐酸盐

1. 感官特征

L-赖氨酸盐酸盐为灰白色或淡褐色，呈颗粒状或粉末状，较均匀。无味或稍有特殊气味，口感甜，溶于水，难溶于乙醇或乙醚，有旋光性。本品比较稳定，温度高时易结块，吸湿性强。

2. 品质判断

（1）无刺激性气味或氨味，口感好。

（2）**茚三酮检验**　取样品 0.1～0.5 克，放于 100 毫升水中，取此溶液 5 毫升，加入 1 毫升 0.1％茚三酮溶液，加热 3～5 分钟，再加水 20 毫升，静置 15 分钟，溶液呈红紫色即为真品。

（3）取样品 1 克，溶于 100 毫升水中，加入 0.1 摩尔/升硝酸银溶液至产生白色沉淀，取其沉淀加入稀硝酸（1+9）溶液，沉淀不溶解。另取此沉淀加适量的氢氧化铵溶液（1+2），溶解者则为真品。

（4）赖氨酸灼烧产生的烟为碱性气体，可使湿的广泛试纸变蓝色；无烟或者产生的烟使湿的广泛试纸变红，则非真品。

以上检验均正常，如有条件可做纯度检验或含氮量检验、粗灰分检验。如有异常，可做掺假检验。

3. 掺假检查

其掺假检查方法可参照 DL-蛋氨酸的掺假检查。

（三）骨粉

1. 感官特征

骨粉为粉状物或细小颗粒状物，一般为灰白色，有其固有的气味（肉骨蒸煮过的味道），具扬尘性。

2. 显微特征

骨粉颗粒为小片状，不透明，灰白色，光泽暗淡，表面粗糙；腱和肉的小片颗粒形状不规则，半透明，呈黄色乃至黄褐色，质硬，表面光泽暗淡；肉的颗粒软，并裂成肌肉纤维；血及血球为不规则破碎体，呈黑色或深紫色，手感坚硬；毛为长短不一的杆状，红褐色、黑色或黄色，半透明，坚韧，呈弯曲状。

3. 品质判断

（1）质量好的骨粉为灰白色细粉，用手握不成团块，不光滑，放下即散。用 0.4 毫米筛孔的筛子筛，其残留物不超过 3%。如果产品呈半透明的白色，表面光滑，搓之发滑，说明是滑石粉或掺有滑石粉、石粉等；如果产品呈白色或灰色、粉红色，有暗淡、半透明的光泽，搓之颗粒质地坚硬，不黏结，说明是贝壳粉或掺有贝壳粉。

（2）骨粉不应具有臭味或异味，水分含量应达到安全水分含量。

（3）骨粉需脱脂、脱胶，无霉变。

4. 掺假检查

好的骨粉含钙23％～26％、磷12％～14％，掺假的骨粉常常含磷不足，可引起畜禽两腿瘫痪；未脱胶骨粉，易腐败变质，常引起畜禽中毒。常见掺假冒充物为石粉、贝壳粉、细沙等。

（1）掺石粉、贝壳粉的检查

① 肉眼观察法　用肉眼观察骨粉的湿度、颜色、光泽、细度等。质量好的骨粉为灰白色至黄褐色的粉末状细末，用力握不成团块，不发滑，放下即散；如果产品呈半透明的白色，表面有光泽，搓之发滑，说明是滑石粉或掺有滑石粉、石粉等；如果产品呈白色或灰色、粉红色，有暗淡、半透明光泽，搓之颗粒质地坚硬，不黏结，说明是贝壳粉或掺有贝壳粉。

② 显微镜镜检法　取样品1克，置于培养皿中，铺成薄薄的一层，放在20～50倍显微镜下观察，骨粉颗粒为小片状，不透明，灰白色，光泽暗淡，表面粗糙；腱和肉的小片颗粒形状不规则，半透明，呈黄色乃至黄褐色，质硬，表面光泽暗淡；肉颗粒软，并裂成肌肉纤维；血及血球为不规则破碎体，呈黑色或深紫色，手感坚硬。

贝壳粉颗粒质硬，不透明，白色、灰色或粉红色，光泽暗淡或半透明程度低，颗粒表面光滑，有些颗粒外表面具有同心或平行的线纹。

石粉颗粒有光泽，呈半透明的白色，颗粒相互团附在一起，形似绵白糖。

③ 化学法　取被检骨粉1克置于小烧杯中，加5毫升25％盐酸溶液，纯骨粉可发出短时的"沙沙"声，骨粉颗粒表面不断产生气泡，最后全部溶解变浑浊。加入脱脂骨粉的盐酸溶液，表面漂浮有极少量的有机物。加入蒸骨粉和生骨粉的盐酸溶液表面漂浮物较

多，而掺假骨粉均无以上现象。如果有大量气泡迅速产生，并发出"吱吱"的响声，表面有石粉、贝壳粉存在。若烧杯底部有一定量的不溶物，则可能掺有细沙。由此可见，在稀盐酸中不溶解或溶解快速的均不属纯骨粉。

(2) 掺沙土的检查　取样品 1 克，置于坩埚中，在电炉上炭化至无烟，再继续灰化 1～2 小时，冷却后，加 10 毫升 25% 稀盐酸溶液溶解并煮沸。如有不溶物即为沙土，干燥后称重，可大致估算掺沙土的比例。

(3) 掺谷物的检查　取样品少许置于培养皿中，下面垫一张滤纸，加入 1～3 滴碘-碘化钾溶液（取碘化钾 6 克，溶于 100 毫升水中，再加碘 2 克），如有谷物淀粉存在，可见蓝紫色的颗粒状物。

(4) 化学分析方法检查　有条件的可用化学分析方法进行鉴别。如果化学分析的结果不符合骨粉的质量标准，例如含钙过多，含磷过少或不含磷，说明是掺假骨粉或假骨粉。

(5) 饱和盐水漂浮法　骨粉颗粒可漂浮于盐水表面，用搅棒搅拌方可下沉，而假骨粉颗粒则不能在盐水表面漂浮，而是快速沉入水底，有的能被分解成粉状。

(6) 焚烧方法　纯骨粉焚烧时，先产生一定量的蒸汽，然后产生刺鼻的烧毛发的气味；掺假骨粉所产生的蒸汽和气味相对较少，未脱脂的变质骨粉有异臭味；假骨粉则无蒸汽和气味产生。脱胶骨粉的骨灰呈墨黑色，而假骨粉则呈灰白色。

（四）磷酸氢钙

1. 感官特征

磷酸氢钙为白色或灰白色粉末，无臭、无味，不吸水、不结块，在水中溶解度较小。

2. 品质判断

(1) 手摩擦法　用手握着试样用力摩擦以感觉试样的粗细程度，正常的磷酸氢钙手感柔软，细粉粗细均匀，色泽呈白色或灰白色；异常试样手感粗糙，有颗粒，粗细不均匀，色泽呈黄色或灰黑色，粉末状。

（2）硝酸银法　在玻璃表面放少许试样，加入数滴5％的硝酸银，如全部变成鲜黄色沉淀，则为磷酸氢钙。

（3）盐酸法　在玻璃表面放少许试样，加入数滴盐酸并浸没，如无气泡产生，证明没有掺杂细石粉、贝壳粉等。

（4）容重法　将样品放入1000毫升量筒内，直到正好达到1000毫升为止，用药勺调整容积（不可用药勺向下压样品），随后将样品从量筒中倒出称量，每一样品反复测量3次，将其平均值作为容重，一般磷酸氢钙容重为905～930克/升，如果超过此范围，可判定其有问题。

（5）磷酸氢钙的氟含量要符合国家规定的标准，否则不予接收。

（五）氯化胆碱

产品一：50％粉状氯化胆碱

1. 感官特征

50％粉状氯化胆碱为白色或黄褐色（因赋形剂不同而不同）干燥的流动性粉末或颗粒，具吸湿性，有特殊臭味。

2. 品质判断

（1）用肉眼观察其颜色，并嗅其气味是否正常。

（2）称取0.5克样品，用5毫升水溶解，混匀，加入2克氢氧化钾和几粒高锰酸钾，加热时释放出的氨使湿润的红色石蕊试纸变蓝。

（3）本品水溶液显示氯化物的鉴别：取适量样品，加入40％氨水使其成碱性溶液。把溶液均分成两份，一份加入10.5％硝酸成酸性溶液，再加入0.1摩尔/升硝酸银溶液，生成白色凝乳状沉淀，分离出的沉淀能在（2：5）氨水中溶解，再加入10.5％的硝酸溶液，又生成沉淀；另一份加入5.7％的硫酸使其溶液呈酸性，加入几粒高锰酸钾，加热放出氯气，使淀粉-碘化钾试纸呈蓝色。

（4）称取 0.5 克样品，用 50 毫升水溶解，混匀，分取 5 毫升，加入 3 毫升硫氰酸铬铵溶液（称取 0.5 克硫氰酸铬铵，用 20 毫升水溶解，静置 30 分钟，过滤。现用现配，保存期 2 天），生成红色沉淀。

（5）称取 0.5 克样品，用 10 毫升水溶解，混匀，分取 5 毫升，加入 2 滴碘化汞溶液（称取 1.36 克二氯化汞，用 60 毫升水溶解，另称取 5 克碘化钾，用 10 毫升水溶解，把两种溶液混匀，用水稀释至 100 毫升），生成黄色沉淀。

产品二：70％氯化胆碱水溶液

1. 感官特征

70％氯化胆碱水溶液为无色、味苦的水溶性白色浆液，稍具特殊臭味，有吸水性，能从空气中吸收大量的水分，可与甲醇、乙醇任意比例混合，但几乎不溶于乙醚、氯仿或萘，有吸湿性，可吸收二氧化碳，放出氨臭味。

2. 品质判断

同 50％粉状氯化胆碱。

（六）饲用味精

在配合饲料中添加适量味精，可增加动物的适口性，促进氨基酸的吸收和改善神经活动等。在味精生产工艺中要加入一定量的食盐，一些不法商人就常常利用味精含盐而额外掺入食盐及其他杂物以谋取私利。

1. 感官鉴定

将样品平铺在一张洁白的纸上。

（1）晶体味精应为白色晶体，半透明的短条；掺假品多为不透明、淡白色或异色结晶，破碎粒呈不规则状。

（2）味精粉应为白色或淡灰白色粉末状或微粒状；掺假品呈灰黄色或异色细粒或粉末。

（3）纯正品有光泽，无夹杂物；而伪劣品多无光泽并带有夹杂物。

（4）不同规格的味精尝其味道，具有不同的鲜味。如含量90％以上的具有强烈鲜味，80％的具有较强海鲜味并带淡咸味，且含食盐越多咸味越重，鲜味越轻。而伪劣品其味道为较浓的咸味（掺入食盐），或无鲜味（掺入面粉、淀粉、木薯粉等）。

2. 物理化学鉴定

（1）碘液反应试验 取适量样品，加蒸馏水溶解，然后加碘液数滴，溶液呈蓝色者说明掺有淀粉类物质。

（2）容重测定法 用 50 毫升（或 100 毫升）刻度量筒，先将样品慢慢加入，以刚好至刻度并推平为准，然后倒出样品进行称量，两次试验求其平均数与标准对照（见表 3-3），不符合者为掺假品。

表 3-3　不同规格味精样品的容重和相对密度

味精含量	99％	90％	80％	70％	60％	50％	40％
容重/（克/毫升）	34.0	38.5	43.0	47.4	51.4	55.4	59.3
相对密度（对水）	1.0570	1.0654	1.0725	1.0757	1.0765	1.0773	1.0781

（3）水溶检验 称取样品约 100 克（按味精规格折算称其重为10％的量）于 1000 毫升量筒中，加蒸馏水溶解，并用水稀释至1000 毫升刻度，静置 10 分钟，用比重计（或波美度计）测其相对密度（样液温度 20℃），结果与标准比较（见表 3-3），不符合者为假冒品。用 pH 试纸测其 pH 值与标准（6.5）对照，然后用快速滤纸过滤，观察沉淀物，若为掺假品，多为不溶物、泥沙等。

五、仔猪、生长育肥猪用配合饲料质量鉴定

1. 感官鉴定

色泽新鲜一致，无发霉、变质、结块、异味及异臭。

2. 水分含量标准

北方地区不高于 14%，南方地区不高于 12.5%，符合下列情况之一时，允许增加 0.5% 的含水量。

① 平均气温在 10℃ 以下的季节。

② 从出厂到饲喂期不超过 10 天的。

③ 配合饲料中添加有规定量的防霉剂（必须在标签中注明）。

3. 加工质量指标

（1）成品粒度 粉料要求 99% 通过 2.8 毫米编织筛，不得有整粒的谷物；1.4 毫米编织筛筛上物不大于 15%。颗粒料根据猪的大小加工成 3.2～8.0 毫米粒径的颗粒，颗粒长度为粒径的 1.5～3.0 倍，制粒前的粉碎粒度同粉料。

（2）混合均匀度 配合饲料成品应混合均匀，混合均匀度的变异系数（CV）不大于 10%。

4. 营养成分指标

仔猪、生长育肥猪用配合饲料营养成分指标见表 3-4。

表 3-4　仔猪、生长育肥猪配合饲料营养成分指标

项目	仔猪饲料		生长育肥猪饲料	
	前期	后期	前期	后期
粗蛋白质/%	≥20.0	≥17.0	≥15.0	≥13.0
粗脂肪/%	≥2.5	≥2.5	≥1.5	≥1.5
粗纤维/%	<4.0	<5.0	<7.0	<8.0
粗灰分/%	<7.0	<7.0	<8.0	<9.0
钙/%	0.7～1.2	0.5～1.0	0.4～0.8	0.4～0.8
磷/%	≥0.6	≥0.5	≥0.35	≥0.35
食盐/%	0.3～0.8	0.3～0.8	0.3～0.8	0.3～0.8
消化能/(兆焦/千克)	≥13.39	≥12.97	≥12.55	≥12.13

六、产蛋后备鸡、产蛋鸡、肉用仔鸡配合饲料质量鉴定

1. 感官鉴定

色泽新鲜一致，无发霉、变质、结块、异味及异臭。

2. 水分含量指标

北方地区不高于 14%，南方地区不高于 12.5%，符合下列情况之一时，允许增加 0.5% 的含水量。

① 平均气温在 10℃ 以下的季节。

② 从出厂到饲喂期不超过 10 天的。

③ 配合饲料中添加有规定量的防霉剂（必须在标签中注明）。

3. 加工质量

(1) 成品粒度 肉用仔鸡前期配合饲料（粉料）、产蛋后备鸡前期配合饲料（粉料）99% 通过 2.8 毫米编织筛，但不得有整粒谷物；1.4 毫米编织筛筛上物不得超过 15%。肉用仔鸡前期配合饲料颗粒粒径要求 1.5～2.5 毫米，最好用大颗粒破碎，制粒前的粉碎粒度同粉料。

肉用仔鸡中后期配合饲料（粉料）、产蛋后备鸡（中期，后期）配合饲料（粉料）99% 通过 3.35 毫米编织筛，但不得有整粒谷物；1.4 毫米编织筛筛上物不得超过 15%。肉用仔鸡中后期配合饲料颗粒粒径要求 3.2～4.5 毫米，制粒前的粉碎粒度同粉料。

产蛋鸡配合饲料全部通过 4.0 毫米编织筛，但不得有整粒谷物；2.0 毫米编织筛筛上物不得超过 15%。

(2) 混合均匀度 配合饲料成品应混合均匀，混合均匀度的变异系数（CV）不大于 10%。

4. 营养成分指标

产蛋后备鸡、产蛋鸡、肉用仔鸡配合饲料营养成分指标见表 3-5～表 3-7。

表 3-5　产蛋后备鸡配合饲料营养成分指标

项目	产蛋后备鸡饲料		
	前期	中期	后期
粗蛋白质/%	≥18.0	≥15.0	≥12.0
粗脂肪/%	≥2.5	≥2.5	≥2.5
粗纤维/%	<5.5	<6.0	<7.0
粗灰分/%	<8.0	<9.0	<10.0
钙/%	0.7～1.2	0.6～1.1	0.5～1.0
磷/%	≥0.6	≥0.5	≥0.4
食盐/%	0.3～0.8	0.3～0.8	0.3～0.8
代谢能/(兆焦/千克)	≥11.72	≥11.30	≥10.88

表 3-6　产蛋鸡配合饲料营养成分指标

项目	产蛋鸡饲料		
	高峰期	前期	后期
粗蛋白质/%	≥16.0	≥15.0	≥14.0
粗脂肪/%	≥2.5	≥2.5	≥2.5
粗纤维/%	<5.0	<5.5	<6.0
粗灰分/%	<13.0	<13.0	<13.0
钙/%	3.2～4.4	3.0～4.2	2.8～4.0
磷/%	≥0.5	≥0.5	≥0.5
食盐/%	0.3～0.8	0.3～0.8	0.3～0.8
代谢能/(兆焦/千克)	≥11.50	≥11.30	≥11.09

表 3-7　肉用仔鸡配合饲料营养成分指标

项目	肉用仔鸡饲料		
	前期	中期	后期
粗蛋白质/%	≥21.0	≥19.0	≥17.0
粗脂肪/%	≥2.5	≥3.0	≥3.0
粗纤维/%	<5.0	<5.0	<5.0
粗灰分/%	<7.0	<7.0	<7.0
钙/%	0.8～1.3	0.7～1.2	0.7～1.2
磷/%	≥0.60	≥0.55	≥0.55
食盐/%	0.3～0.8	0.3～0.8	0.3～0.8
代谢能/(兆焦/千克)	≥11.29	≥12.13	≥12.55

注：上述各表中各项营养指标均以 87.5% 干物质为基础计算。

七、添加剂预混料质量鉴定

1. 感官要求与技术要求

① 要求色泽新鲜一致，无结块及发霉变质，不得有异味。微量元素预混料的粉碎粒度要求 100% 通过 40 目筛，80 目筛筛上物不得超过 20%；维生素预混料的粉碎粒度要求 100% 通过 16 目筛，30 目筛筛上物不得超过 10%。

② 混合均匀度要求其变异系数小于 7%。

③ 使用无机载体或稀释剂时，水分含量不高于 5%；使用有机载体或稀释剂时，水分含量不高于 10%。

④ 有毒有害物质要求：铅含量不得高于 30 毫克/千克，砷含量不得高于 10 毫克/千克。

2. 营养成分指标（按饲料中 1% 比例添加计算）

添加剂预混料营养成分指标见表 3-8、表 3-9。

表 3-8　微量元素预混料指标　单位：毫克/千克

产品名称	铜(≥)	铁(≥)	锰(≥)	锌(≥)
产蛋鸡用预混料	**	**	2500	5000
肉用仔鸡用预混料	—	—	5500	4000
仔猪(20 千克以下)用预混料	500	8000	**	8000
生长育肥猪用预混料	300	**	**	4000

注：** 表示国标中未给出或数值争议较大。

表 3-9　维生素预混料指标

产品名称	维生素 A /(万国际单位/千克)	维生素 D_3 /(万国际单位/千克)	维生素 E /(国际单位/千克)	维生素 K_3 /(毫克/千克)	维生素 B_2 /(毫克/千克)	维生素 B_{12} /(毫克/千克)
产蛋鸡　≥	40	5	500	50	220	0.3
肉用仔鸡≥	27	4	600	53	360	0.4

八、鸭用配合饲料质量鉴定（LS/T 3410—1996）

1. 感官要求与技术要求

（1）感官要求 色泽一致，无发酵霉变、结块及异味、异臭。

（2）水分含量指标 北方地区不高于 14.0%，南方地区不高于 12.5%，符合下列情况之一时可允许增加 0.5% 的含水量：

① 平均气温在 10℃ 以下的季节。

② 从出厂到饲喂期不超过 10 天者。

③ 配合饲料中添加有规定量的防霉剂者（标签中注明）。

（3）加工质量指标

① 成品粒度（粉料） 肉用仔鸭前期配合饲料、生长鸭（前期）配合饲料 99% 通过 2.80 毫米编织筛，但不得有整粒谷物，1.40 毫米编织筛筛上物不得超过 15%。肉用仔鸭中后期配合饲料、生长鸭（中期、后期）配合饲料 99% 通过 3.35 毫米编织筛，但不得有整粒谷物，1.70 毫米编织筛筛上物不得超过 15%。产蛋鸭配合饲料全部通过 4.00 毫米编织筛，但不得有整粒谷物，2.00 毫米编织筛筛上物不得超过 15%。

② 混合均匀度 配合饲料成品应混合均匀，其变异系数（CV）应不大于 10%。

2. 营养成分

鸭用配合饲料的营养成分指标见表 3-10～表 3-12。

3. 判定规则

感官指标、水分含量、混合均匀度、粗蛋白质含量、粗灰分含量、粗纤维含量、钙含量、磷含量、食盐含量等为判定指标，如检验中有一项指标不符合标准，应重新取样进行复验，复验结果中有一项不合格者即判定为不合格。

表 3-10   生长鸭配合饲料营养成分指标

项目		生长鸭饲料		
		前期	中期	后期
粗脂肪/%	≥	2.5	2.5	2.5
粗蛋白质/%	≥	18.0	16.0	13.0
粗纤维/%	≤	6.0	6.0	7.0
粗灰分/%	≤	8.0	9.0	10.0
钙/%		0.80~1.50	0.80~1.50	0.80~1.50
磷/%	≥	0.60	0.60	0.60
食盐/%		0.30~0.80	0.30~0.80	0.30~0.80
代谢能/(兆焦/千克)	≥	11.51	11.51	10.88

表 3-11   产蛋鸭配合饲料营养成分指标

项目		产蛋鸭饲料	
		高峰期	产蛋期
粗脂肪/%	≥	2.50	2.50
粗蛋白质/%	≥	17.00	15.50
粗纤维/%	≤	6.00	6.00
粗灰分/%	≤	13.00	13.00
钙/%		2.60~3.60	2.60~3.60
磷/%	≥	0.50	0.50
食盐/%		0.30~0.80	0.30~0.80
代谢能/(兆焦/千克)	≥	11.51	11.09

表 3-12   肉用仔鸭配合饲料营养成分指标

项目		肉用仔鸭饲料		
		前期	中期	后期
粗脂肪/%	≥	2.5	2.5	2.5
粗蛋白质/%	≥	19.0	16.5	14.0
粗纤维/%	≤	6.0	6.0	7.0
粗灰分/%	≤	8.0	9.0	10.0
钙/%		0.80~1.50	0.80~1.50	0.80~1.50
磷/%	≥	0.60	0.60	0.60
食盐/%		0.30~0.80	0.30~0.80	0.30~0.80
代谢能/(兆焦/千克)	≥	11.72	11.72	11.09

注：上述各表中各项营养成分含量均以 87.5% 干物质为基础计算。

九、奶牛精料补充料质量鉴定（LS/T 3409—1996）

1. 感官要求与技术要求

（1）感官要求　色泽一致，无发酵霉变、结块及异味、异臭。

（2）水分含量指标　北方地区不高于 14.0%，南方地区不高于 12.5%。符合下列情况之一时可允许增加 0.5% 的含水量：

① 平均气温在 10℃ 以下的季节。

② 从出厂到饲喂期不超过 10 天者。

③ 精料补充料中添加有规定量的防霉剂者（标签中注明）。

（3）加工质量指标

① 成品粒度（粉料）　奶牛精料补充料 99% 通过 2.80 毫米编织筛，1.40 毫米编织筛筛上物不得超过 20%。

② 混合均匀度　奶牛精料补充料应混合均匀，其变异系数（CV）应不大于 10%。

2. 营养成分指标

奶牛精料补充料的营养成分指标见表 3-13。

表 3-13　奶牛精料补充料质量分级标准　　　单位：%

产品分级	营养成分				
	粗蛋白质	粗纤维	粗灰分	钙	磷
一级料	≥22	≤9	≤9	0.7～0.8	≥0.5
二级料	≥20	≤9	≤9	0.7～0.8	≥0.5
三级料	≥16	≤12	≤10	0.7～0.8	≥0.5

注：精料补充料中若包括外加非蛋白氮物质，以尿素计，应不超过精料量的 1%（高产奶牛和使用氨化秸秆的奶牛慎用）并在标签中注明。

3. 判断规则

感官指标、水分含量、混合均匀度、粗蛋白质含量、粗灰分含量、粗纤维含量、钙含量、磷含量、食盐含量等为判定指标，如检验中有一项指标不符合标准，应重新取样进行复验，复验结果中有一项不合格者即判定为不合格。

参 考 文 献

[1] 杨海鹏. 饲料显微镜检查图谱 [M]. 武汉：武汉出版社，2006.

[2] 张丽英. 饲料分析及饲料质量检测技术 [M]. 4 版. 北京：中国农业大学出版社，2016.

[3] 中华人民共和国国家质量监督检验检疫总局. GB/T 34269—2017. 饲料原料显微镜检查图谱 [S]. 北京：中国标准出版社，2017.

[4] 张子仪. 中国饲料学 [M]. 北京：中国农业出版社，2000，